The Bond King

Investment Secrets from PIMCO's Bill Gross

債券天王葛洛斯

Timothy Middleton
提摩斯・米德頓 著／吳國卿 譯

WILEY 財訊出版社

債券天王葛洛斯◉——目次

推薦導讀

追本溯源

我們都知道最古老的行業是什麼，但少有人了解一種最年輕的行業：積極式債券管理人的藝術與科學。雖然太平洋投資管理公司（The Pacific Investment Management Company, PIMCO）和葛洛斯是本書的焦點，但書中對積極管理式固定收益投資的精采描述，卻超越了ＰＩＭＣＯ的耀眼績效，和葛洛斯的成功領導。固定收益管理既有趣又複雜，是經濟體系中不可或缺的要素，如果你懂得怎麼做也是增長財富的好方法。然而許多參與這個市場的投資人對固定收益的基本知識不足，以致於和數百萬在股票市場虧損累累的無知散戶一樣，淪爲市場的犧牲者。

三十年前，投資債券的學問僅止於放款人把錢交給借款人、收取利息，直到借款人償還貸款爲止；在債券到期前就把這類工具賣給其他投資人的概念，當時還不存在。對於彬彬有禮而保守的債券持有人社會——主要是保險公司、儲蓄銀行、個人信託和退休的富人——這種債券操作會被視爲異端，令人避之唯恐不及。當時的債券市場交投殊欠熱絡，場中只有政府公債和紐約證交所上市的知名企業的公司債，此外，店頭市場更是清淡。

有一個值得探究的有趣問題：爲什麼債券交易經過那麼久的時間才發展出來。定價錯誤的資產一樣會出現在信用市場，初始定價沒有理由到債券到期日一直維持不變。不論是各檔債券的特殊情況，或經濟環境的基本面，都不可能靜止不動。信用的品質會隨著借款人的財務狀況變化而改變。債券經常包含選擇權，例如：贖回權或股票轉換權，而它們的價格應該隨著這些選擇權利的價值而波動，而且波動的模式也不盡相同。

最後，放款人最頑強的敵人是通貨膨脹，也就是說，收回的借款，其購買力可能低於當初的放款。但是在一九六〇年代以前，通貨膨脹向來只是戰爭時期的現象，等和平協議一簽訂就會消失。美國從一八〇〇年到一九六五年的通貨膨脹平均每年只有〇．八％；這一百六十五年間物價上漲的年份只有八十四年，其中包括美國對外開戰的十四年。由於長期以來對通貨膨脹不設防，債券投資人也以爲緊抱不放就對了。

債券市場了無生氣，利率理論的發展也慢如蝸牛。十九世紀的古典經濟學家相信，利率如同所有價格一樣，取決於供給與需求的不變法則。如果利率是資本的價格，則儲蓄的供給和企業對投資的需求，將是它的首要決定因素。根據這個典型範例（paradigm）來看，利率只會小幅波動而已。

一九三○年，著名的耶魯經濟學家費雪（Irving Fisher），提出利率不但反映實質資本的供需，也反映通貨膨脹的預期。當時英美經濟史中從未出現結構性通貨膨脹，費雪創見語出驚人；儘管假說缺乏實證支持，費雪仍然堅持其論述。

在大蕭條的艱困時期，凱因斯（John Maynard Keynes）對「實質」利率的古典觀點發動強力攻擊，對象也包括費雪。凱因斯強調，資金成本在企業投資廠房設備所扮演的重要角色。不過，他堅持利率並非取決於資本的供需，也不是通貨膨脹預期，而是一種風險管理工具，在銀行體系供應流動性（liquidity）的不確定世界中，受到規避風險的投資人對流動性的需求所規範。

一九三八年，麥考雷（Frederick R. Macaulay）在討論債券市場、商品價格和股票價格的權威著作中，猛烈批評費雪（**我的朋友麥考雷告訴我，凱因斯不值得他批評**），嚴厲攻擊費雪的論說中當時還欠缺實證支持的部分。歷史統計中有太多不規則，無法讓麥考雷滿意。然而費雪對通貨膨脹預期影響利率的說法最後證明是對的，到一九六○年代和一九七○年代，承平時期的通貨膨脹反而逐漸變成全球經濟的重大挑戰。

儘管如此，我們還是要感謝麥考雷：在他反對費雪論述的過程中，提供了一個極爲重要的創新。麥考雷知道，他必須在嚴謹定義長期利率的基礎上建立他的論述。在確立這個定義時，他指出債券的到期日雖然重要，但不一定與借款人收回本金的日子一致。六%的單利就可以讓一檔二十年到期的債券，在不到十七年內收回初始的投資；如果把半年三%的利息再投資，多賺的利息還可以加快回本速度。麥考雷因此提出還本期間（duration）的概念，簡而言之，就是舉債者支付利息與本金的現金流量，達到等於借款人初始提供金額所需的時間。出乎意料之外，還本期間後來成爲利率變化波動時，衡量債券價格的策略因素之一。麥考雷定義的還本期間，如今已是債券市場衡量風險的基本標準。

不過，債券市場本身仍然昏昏欲睡，一直到一九六〇年代第二次世界大戰結束十五年，然後通貨膨脹開始從一年一%逐漸攀升到二%、超過二%、不久再攀越三%。到一九六八年，當通貨膨脹率達到四%，物價水準不再只是緩步上揚；到一九七〇年，物價上漲年率已至六%。固定收益投資人終於開始了解情勢不妙。當長期公債殖利率隨著通貨膨脹率上揚時，債券的流通價格也進一步下跌。「充公券」（certificates of confiscation）之類的貶抑詞，很快成爲形容債券的流行語。曾幾何時，債券一直被認爲是世界上最安全的投資。

舉個例子，一位投資人在一九六五年以十萬美元買一張價格一〇〇的三十年期公債，到期殖利率爲四%。十五年後，這檔公債的價格已跌到四五，相當於每投資一、〇〇〇美元只剩四五〇美元。在通貨膨脹無情的侵蝕下，當時四五〇美元能買到的東西，可能不到在一九五四年時購買力的四〇%。緊抱不放大蝕老本，債券市場至此徹底改觀。

直到一九七二年最嚴重的傷害尚未發生時，一本討論債券投資的小書適時問世，爲積極式債券管理的實現奠定了基礎。所羅門兄弟公司（Salomon Brothers）兩位經濟學家何姆（Sidney Homer）和李波韋茲（Martin Leibowitz），合寫的《探討殖利率曲線》（*Inside the Yield Curve*）終於喚醒債券基金經理人，讓他們了解到固定收益工具的複雜性，與這種複雜性所提供的交易機會。這本今日被大家視爲是老生常談的入門書，當時卻很少人知道它的重要性。正如作者在書中開宗明義指出：「（市場）對債券殖利率的重要性太不以爲意，有時候甚至是誤解。」

例如，計算債券到期殖利率的基本計算方式假設，半年支付一次的利息再投資時的利率，會和初始購買時的到期殖利率一樣。這種情形會是極少見的巧合。當利率平均為二%、甚至三%時，債券持有人再投資利息收益的利率高低影響不大；但若再投資的債券二十年期六%的話則影響甚大。這樣一大筆金額可能超過原先出借的本金。這也讓你瞭解複利的力量，即何姆和李波韋茲所說的「利上加利」。結果，這個額外的收益，反而成為投資人最終獲利的支配因素。

這本書也解釋了債券價格的波動，這個過去沒有人注意的現象，現在既是機會也是風險。在總結論點時，何姆與李波韋茲也詳細介紹「換券」（bond swap）等類別的交易，這些都是積極型和分析型投資人可從中獲利的工具。

大約在何姆與李波韋茲著作問世的同時，有幾位大膽的專業者決定試試積極管理式的策略，以利用在日益不穩定的環境中，大多數債券投資人仍謹守買進抱牢策略造成的錯誤定價。通貨膨脹展望不利，債券市場波動性升高，凡此都提供了許多機會。這批開路先鋒很快靠複雜的利率與殖利率曲線預測，以及市場缺乏流動性造成的無效率，創造了令人稱羨的操作績效。「積極型固定收益管理」於焉誕生。

這些最早從事固定收益積極管理的開路先鋒之一，是美國西岸的保險業者，太平洋共同保險公司（前名 Pacific Mutual，現稱 Pacific Life）。一九七一年，該公司成立子公司太平洋投資管理，專爲客戶積極管理資產。葛洛斯就是創社元老，PIMCO即是他離開UCLA商學院後的第一份工作。

卻知後事如何，請看本書分解。

柏恩斯坦（Peter L. Bernstein）

二〇〇三年十一月

Preface

作者序　深入葛洛斯的投資哲學

葛洛斯有時候會以顚倒的觀點看世界，就字面上來看，其實是因爲他練瑜珈。他拒絕接受生活中和商場上的傳統規矩，而且在他三十年的傳奇投資生涯中，他的觀點爲其帶來豐富的報酬。葛洛斯管理三、六〇〇億美元的固定收益資產，而且每年持續不斷地獲得超過一〇%的報酬率。

葛洛斯有別於同輩的正是他的遠見。在幾乎沒有前人指引下，他發現債券投資潛藏著未被開發的機會。葛洛斯對投資界最大的貢獻，也許就是他很早即看出，固定收益投資組合可以拿來交易、而非只是持有，而且這種積極管理可以增加總報酬。葛洛斯把總報酬（total return）的概念引進債券投資，今日他管理世界最大的積極管理型共同基金便以此爲名：PIMCO總報酬基金。

本書是一位傑出投資人的故事，雖然他曾經認爲債券是乏味無聊的東西。葛洛斯從未立志成爲債券天王，但無疑地他已經是此投資領域的大師。「債券天王」的封號給了葛洛斯鮮明的形象，但他的投資哲學與方法也反映出他複雜、令人著迷的性格。

一九八二年，葛洛斯在PIMCO寄給客戶的《投資展望》（*Investment Outlook*）通訊寫的一篇文章，讓我的印象特別深刻。這篇題爲〈刺蝟時間〉（Hedgehog Time，**源自英國哲學家伯林**〔Isaiah Berlin〕**所寫的**〈**刺蝟與狐狸**〉）的文章中，葛洛斯把長期的投資觀點比喻爲刺蝟。「狐狸懂很多事，但刺蝟只知道一件重要的事。」伯林引述古希臘詩人阿爾基洛科斯（Archilochus）的警句寫道。葛洛斯把市場當作狐狸，不斷追逐吸引牠目光的最新事物，而他自己是刺蝟，專注在重大、長遠的宏觀情勢。一九八二年的市場還不了解伏克爾（Paul Volcker，**前美國聯邦準備理事會主席**）的新反通貨膨脹立場，投資人仍不斷回顧前十年的債券空頭市場。葛洛斯則放眼未來，並預測一九八〇年代將是一個新的多頭市場。他的預測正確，因爲他的遠見正確，而他的遠見則來自他致力於了解周遭世界的變化。

伯林的文章貼切地譬喻了我從葛洛斯身上發現的迷人特質。伯林寫道：「兩者之間存在一道鴻溝，一方把所有事情關聯到單一的集中視野，並以他們的理解、思考和感覺，把世界視爲一個或多或少一致或連貫的系統——而從外界事物的本質和訊息的意義來看，一切事情都歸爲一個單一、放諸四海皆準、有組織的原則。另一方則追求許多目標，通常互不相干、甚至矛盾，若眞有關聯，也只限於心理或生理因素，且發生在某些現實層面上，而與道德或美學原則無關。」葛洛斯是一隻刺蝟，而且是不賴的哲學家。

本書的內容是葛洛斯的生平，以及我們可以從他的經驗和投資策略中學到的東西。因此，我們較少提到他扮演丈夫和父親的生活。不過，這些角色是他最感驕傲的部分。他的第一次婚姻在事業早期緊張忙碌的日子中結束，等他十九年前再婚時，他許諾奉獻更多時間給家人。現在，經常看他通訊的人都知道他妻子蘇依（Sue），和正值青春期的兒子尼克（Nick），以致於許多造訪ＰＩＭＣＯ的人還經常問起他們。

私底下的葛洛斯和你將在本書看到的那個人並無不同，只是他關心的事不一樣。在工作上，他會壓榨更多的報酬；在街上與蘇依散步，兩人會爭著撿別人掉在人行道上的銅板，只因爲它們會帶來好運。有人計算過，葛洛斯花時間彎腰撿一張百元大鈔都不值得，因爲他的工作每一秒鐘能賺更多錢。葛洛斯會快樂地爭拾一毛錢，純粹是非經濟因素，他覺得迷信並不丟臉。

葛洛斯很率眞，而且願意分享自己的秘密，甚至透露自己的挫敗和弱點。當他坦承在私人生活和專業兩方面所犯的錯誤時雖不情願，但不會有所保留。有一次我問他與妻子結識的經過，他苦笑著分享他的故事。葛洛斯和蘇依都是一家約會服務公司的會員，但第一次她拒絕了他的邀約。六個月後，他再度約她，而她改變心意，答應與他見面喝一杯。「堅持不懈就會有收穫。」他告訴我。當他趕赴約會時，卻發現自己把皮夾留在辦公室。他試著在餐館大廳找人典當手表，但沒有人要，所以他被迫要求蘇依支付帳單。蘇依大方地付了帳單，也證明她確實是個精明的投資人。

私人生活中的葛洛斯正擔心尼克開始學開車。這位少年已經十五歲，而在加州，這表示他下一個生日就可拿到駕照。葛洛斯說，他已經訂下規矩：「我想他能自己開車是好事，只要他能遵守交通規則，雖然這恐怕很難。我已經嚴正告誡他，如果他被開罰單，開車這件事以後就免談。」葛洛斯的私人生活大部分在他鄰近PIMCO總部的一萬平方呎海邊宅邸度過，他閱讀歷史、哲學和地緣政治類書籍，蒐集郵票，並陪伴近來開始對現代畫感興趣、而且已有十餘幅畫作的蘇依。葛洛斯說：「蘇依是位多產畫家，我們很快就得買更大的房子了。」

不過，本書要深入探索的是葛洛斯的債券天王角色。透過本書，我們將分享葛洛斯得來不易的經驗。更重要的是，隨著書中葛洛斯對投資市場的刺蝟觀點逐漸呈現，提供一個能幫助讀者因應未來的視野和展望。

第一篇

葛洛斯其人其事

引言

葛洛斯的一天

光憑外表，絕看不出葛洛斯是美國最有錢、最具影響力的人。他挺直地坐在交易桌前，淡褐色的頭髮從前面梳到側邊，鬆開的領帶圍著襯衫的領子，幾乎動也不動地盯著電腦螢幕。這裡是ＰＩＭＣＯ，四、二〇〇〇平方呎的交易廳裡有眾多擁擠的小格間，其中最寬敞的就是他的辦公室。這家公司位於距離華爾街三、〇〇〇哩的一棟小辦公室三樓，建築四周種著棕櫚樹，就在新港海灘俱樂部與一家叫時尚島（Fashion Island）的商場之間，從洛杉磯往南出發大約一小時車程——對一位二〇〇三年被《財星雜誌》（*Fortune*）評選爲全球商界第十大有影響力的人來說，這種排場確實有點寒酸。

葛洛斯的沈默寡言和謙遜是他傳奇的一部分。他是眾人研究與好奇的目標，甚至是卜卦的對象——如同古代的堪輿師能「透視」田野和山坡，找到地下水；債券專家分析師也會研究他說的每句話，甚至詮釋他的手勢，以便判斷信用市場未來的走勢。

他們對葛洛斯和他的同事相當感興趣，甚至不直呼他們的名字；他們稱葛洛斯交易債券的辦公室爲「海灘」（The Beach），因爲ＰＩＭＣＯ辦公室附近就是陽光普照的加州沙灘。

就好像投資人鉅細靡遺地分析傳奇投資大師巴菲特（Warren Buffett）的股票交易，只要他對一家公司表示一點點興趣，股價就會飆漲，「海灘裡正在做什麼」的謠言和揣測，也不時在相對較平靜的債券市場流傳。由於葛洛斯能神奇地預測經濟未來的趨勢，加上他對股票市場的影響力不下於債券市場，「大街」（The Street，紐約華爾街）會花那麼多時間猜測「海灘」的秘密，也就見怪不怪了。不要理會專家預測聯邦準備理事會（Federal Reserve, Fed）在秘密會議做的決定，也別管巴菲特學家揣摩他最近的收購案：預期、詮釋和解讀葛洛斯腦袋裡源源不絕的想法才更重要。

有些人就是比較聰明，而葛洛斯顯然屬於這一類。葛洛斯在二○○二年三月的《投資展望》中討論到，他認爲奇異公司（General Electric）的財報有明顯的不一致。這家最受推崇的美國公司向來以精明的管理與不斷提升盈餘的能力著稱，但葛洛斯批評它只是巴菲特波克夏公司（Berkshire Hathaway）的翻版，而且是有瑕疵的次級品。葛洛斯不以大家熟知的「工業集團」形容奇異，反而說它是一堆雜亂無章的投資，由一群拚命尋找賺錢機會的魯莽資本家所擁有。波克夏的經營與外界投資人隔絕，由一位天才所掌控，但是奇異最賺錢的部門奇異資本公司（GE Capital）則是上市公司的一部分，藉由發行商業本票給ＰＩＭＣＯ這類的投資機構以籌措資金。儘管奇異資本的債信評等爲ＡＡＡ，葛洛斯寫道：「他們流通在外的商業本票金額，是銀行授信額度的三倍。」

葛洛斯指出，奇異的結構像搖搖欲墜的高塔，即將因爲債務的壓力而倒塌。奇異的資金槓桿操作有如避險基金，用來收購無數的企業，但卻缺少像巴菲特這樣技巧高超、謹愼小心的人，來爲他們選擇收購對象。還有，奇異的行銷總是把自己包裝得像是最安全的鍍金藍籌股。葛洛斯說，ＰＩＭＣＯ「在可預見的未來」不會持有奇異商業本票。

葛洛斯始料未及的是，他的分析隨即引來奇異和一大群證券經紀商的分析師猛烈攻擊。不過，投資人紛紛拋售奇異的商業本票和債券，迫使奇異宣布大幅降低債務的槓桿操作。全球的專家都看出葛洛斯分析的眞知灼見：這家藍籌股中的藍籌股就像一家高風險的創投基金，而且沒有巴菲特或杜爾（John Doerr）在掌舵。信用市場的先知一針見血地戳破了神話。

葛洛斯無懼的眼神不只能影響個別公司，也以撼搖市場著稱。在二〇〇〇年二月最後一天，一連串的債券買盤（據說來自「海灘」）震撼了美林（Merrill Lynch）、高盛（Goldman Sachs）、貝爾斯登（Bear Stearns）和雷曼兄弟（Lehman Brothers）等公司的交易廳。傳聞葛洛斯現身信用市場，而且大肆買進！如同燎原野火一般，PIMCO的競爭者開始搶購美國公債、投資級公司債和抵押貸款債券。不到幾個小時，這些債券的價格扶搖直上，美國的長期利率大幅下挫（債券殖利率和價格反向波動，因此價格上漲時，殖利率隨之下跌）。利率下跌引發投資人擔心，股價可能已經高得危險。幾天後的三月，股票市場觸頂，從此未再重回高點，並且展開一波大家都知道的大崩盤。

當時似乎人人都認爲葛洛斯知道一些大家不知道的事。焦慮的投資人受到「海灘」的千里眼刺激，開始質疑一九九〇年代飆漲的股價只是個大泡沫，進而像狂奔的羊群般大舉拋售網際網路股，並轉進安全的債券。在當天和往後的數周及數月，葛洛斯對股市和債市的影響力遠超過巴菲特、柯林頓總統或葛林斯班（Alan Greenspan）。因此，如果有人日以繼夜解讀、揣測和分析海灘的動作，大可不必感到驚訝。

※ ※ ※

葛洛斯似乎對自己在金融圈的動見觀瞻一點都不在意，仍舊每天依慣例行事。他每天的習慣已成自然，不動如山。

葛洛斯一天的開始是清早開十分鐘的車上班，他的賓士跑車好得可以參加摩納哥的一級方程式大賽。時髦、高速的跑車是他的嗜好之一（雖然他是個謹愼、理智的駕駛）。依當時的心情而定，他會聽古典音樂或搖滾（他對莫札特的熱愛，和對一九七〇年代杜比兄弟〔Doobie Brothers〕的經典搖滾，以及晚近大衛馬修樂團〔Dave Matthews Band〕的鍾情不相上下）。他按照東岸的生意時間運作，對在新港海灘工作的人來說，這表示清晨五點半就得到達辦公室。有人可能覺得難以適應，但對葛洛斯來說，是他絕不可能放棄加州的生活方式。

到達「海灘」後，葛洛斯會立刻進自己的辦公室。他的襯衫都漿過，但領子是鬆的，領帶吊著像領巾，脫掉的外套掛在衣架上。他以固定的程序打開電腦螢幕，調整他正前方一對絨毛骰子的位置；骰子上顯示的數字是五和六，也就是幾乎可以通贏的點數。他像虔誠的賭徒，迷信地遵守這個程序；只要有一點改變，就可能讓他的運氣翻轉。

葛洛斯讓他擁擠、忙碌的辦公室安靜得像在辦喪禮，因爲他厭惡任何會分心的事（**有時候他會讓同事抓狂，有人告訴我：「他幾個小時不說一句話！」**）。葛洛斯直挺挺坐著，像停在藤架上的螳螂，削瘦的身軀顯露他專注地看著電腦螢幕。偶爾當彭博資訊的數字改變、而且他感覺發生有趣的事時，他的頭會輪流轉向不同的螢幕，活像脖子上裝了輪軸，又像戰艦上的大砲。他的座位就像一座交易迴轉砲塔，一會兒像一尊石像般盯著一面螢幕，一會兒旋轉朝向另一面。

早上九點——曼哈頓的午餐時間——他會走到對街的富豪飯店（Marriott）作每天的運動，由一位海軍陸戰隊出身、嚴格的私人教練指導他。葛洛斯每天運動一個半小時，他的養生術包括以密集的瑜珈和伸展運動預防心血管疾病。雖然他已經穿不下大學時代的運動服，但中年只讓他的腰圍從三十二吋增加到三十五吋。

中午，他會踱步到每日召開的投資委員會議。他帶著貪小便宜的得意微笑承認，那裡供應免費午餐。下午四點過後他就離開辦公室——別忘了這裡是西岸，債券市場已經打烊好久——到他的鄉村俱樂部打幾桶高爾夫練習球，然後開車回到位於拉古那灘（Laguna Beach）的家。

如果晚上和妻子蘇依外出，可能的地點包括到某家墨西哥餐廳吃一頓總共花二十美元的晚餐；六點半就打道回府。他蒐集郵票，而且貪得無饜地閱讀書籍——吳爾芙（Virginia Woolf）出現在他「道瓊五、〇〇〇」專欄的次數，超過葛林斯班。他習慣早早就寢，因爲工作需要他早起，在清晨五點以前打開安裝在自家辦公室的彭博行情。每天早上他會在固定的時間，吃同樣的麥片粥加水果，因爲蘇依說水果裡的抗氧化成份有益心臟；那也是他的瑜珈餐裡不可或缺的東西。在周末，他和妻子會撥出時間，到棕櫚泉附近的印地安泉高爾夫俱樂部（Indian Wells）打球。「那裡景色從十一月到五月非常漂亮，不只因爲那裡是沙漠高地，而且氣溫宜人，高爾夫球場也很棒，」他說：「十分祥和和沉靜。」

祥和正是葛洛斯的風格。葛洛斯會將高爾夫球視爲一項任務來完成。他很晚才開始學打高爾夫，而且自認技術還未臻成熟。PIMCO的投資級公司債專家基索（Mark Kiesel）說，葛洛斯的差點（handicap）爲十三，但本身也是新手的基索說：「在比賽時，他很快提升到八。」事實上葛洛斯一年參加好幾次邀請賽。二〇〇二年的AT&T全國Pro-Am邀請賽在圓石灘（Pebble Beach）舉行時，他的四人組中包括老虎伍茲（Tiger Woods）。他告訴我：「我以執著的態度打球，有點像二十多年前連跑六天的馬拉松。不過，我不得不承認，執著對打球的成績沒有多大幫助。」但他永不停止嘗試，有一次才與我訪談結束，他立即和公司的執行長湯普森（Bill Thompson）一起到俄勒岡州的班登杜尼斯（Bandon Dunes）打球，那裡有一個高於太平洋海面一○○呎的球場，被《高爾夫》雜誌列爲全球一○○個最佳球場之一。

葛洛斯不像一般人所想像主管銀行固定收益部門、專精於數學遊戲的數學博士，他的神秘氣息讓他像個震懾全場的佈道師，能以不可思議的力量左右市場趨勢。他重視清晰的思維和專注力，而且在工作之外過著豐富的生活。他探索內在的自我，並以練習瑜珈和大量閱讀得到的清晰思緒作決策。每當犯錯時，他會敏銳地察覺：某次因工作上的不順遂，第二天早上他上班時刻意捨電梯走樓梯，只爲了不必遇到或跟任何人說話。不過，儘管極度好勝和好強，葛洛斯仍是個非常具有靈性傾向和好奇的人。

※ ※ ※

爲葛洛斯贏得桂冠的許多技術都有一個共通點：嚴格而專注的自我要求。如果你想學習他的秘訣，第一課就是別做任何半吊子的事。

我將在本書其餘的章節，詳細討論葛洛斯在債券市場方面所使用的技術，但比技術更重要的是他風格強烈的葛洛斯式投資哲學。和大多數傳奇基金經理人不同，葛洛斯認爲投資就像合法的賭博。他相信自己有一套有效的「系統」，就像在拉斯維加斯用高深的二十一點樸克牌數牌術一樣。而葛洛斯的優勢是，債券市場的賭博沒有「莊家」，也沒有警衛會在發現你利用系統時，把你趕出場。

葛洛斯給我們的第二課可以用一句古訓來涵蓋：「認識你自己。」在開始作嚴肅的投資管理前，要確定你知道自己在做什麼。知道你暴露在何種風險中，以及如何控制這些風險。要以長期觀點作投資。最重要的，要清楚自己的勝算有多少。投資遊戲場不是無知的孤兒寡婦逗留之處；如果你是半吊子，肯定會虧錢。所以，必須勤於學習。

今日，葛洛斯仍是PIMCO的掌舵者，而該公司則是業界翹楚。不論他對未來的看法如何，他仍堅定不移地執著於他的紀律。葛洛斯讓我想起宇宙論者芮斯（Martin Rees）在普林斯頓大學的演說中談到他的同僚，說他們總是認眞地揣摩宇宙的起源和未來，雖然這個主題充滿了未知數，而且可能永遠沒有答案。芮斯說，他們「經常犯錯，但從不懷疑」。

和現在仍然每天工作的巴菲特一樣，葛洛斯能獲得今日的影響力和成功，憑藉的是簡單、一般投資人都能輕易學習的價值概念。葛洛斯也充分利用機構投資人的重裝備——數學博士和他們操控的電腦，以及套利交易員。他也精通債券市場各種奇異的衍生性金融商品。這些武器讓他幾乎能夠從成功的投資賺到更多錢，並減少不成功投資的虧損。同樣地，巴菲特也利用散戶投資人無法使用的策略：在收購一些公司的股權時，巴菲特常同時押注在另一些公司專爲他發行的配息可轉換優先股。因爲擁有這種優勢，一般投資人幾乎不可能在葛洛斯或巴菲特擅長的遊戲中打敗他們。儘管如此，你還是可以縮小和他們的差距，也就是說，讓你的債券投資組合賺到可觀的報酬率。如果你學習葛洛斯三十多年經驗所累積的智慧，便可以樂觀地期待自己投資報酬率的提升。

在本書的第一篇，我將討論葛洛斯的生平和成功的事業生涯；第二篇將分析葛洛斯在各類債券市場採用的總報酬法。第三篇將教導你使用葛洛斯的方法，擬定債券投資策略並大幅提高投資報酬率。

第一章

從二百美元到五億

威廉・韓特・葛洛斯（William Hunt Gross）一九四四年四月十三日出生於俄亥俄州中途鎮（Middletown），這個不大不小的城鎮位於俄州西南角，靠近印地安那州和肯塔基州邊界。中途鎮在巴特勒郡（Butler County）境內，是個小工業城，位居辛辛那提和達頓（Dayton）兩大工業中心之間。葛洛斯日後經常緬懷他在寧靜的巴特勒溪游泳的夏日午後時光，因爲對照密西西比河湍急的漩渦，或太平洋看似無底的深邃，那顯得安全且愜意。

一九四〇年代對小孩來說是一段危險的日子，他們的成長不像今日安穩。在一九五四年四月沙克（Jonas Salk）博士發明的疫苗大規模測試前，小兒痲痺一直是嚴重的威脅，猩紅熱疫情的爆發也時有所聞。葛洛斯兩歲時就險些死於猩紅熱，那也是他痛苦進出醫院經驗的開始。

他的中間名「韓特」源自母親的家族。根據家族傳述，韓特家族原本是加拿大曼尼托巴（Manitoba）的農民，在十九世紀往南遷移。家族的一支輾轉來到德州南部。「那是後來致富發跡的那一半韓特家族，」葛洛斯說：「不幸的是，我的那一半來到明尼蘇達州務農，而我母親的這支家族後來遷移到俄亥俄。」靠石油發跡的韓特家族，最知名的可能是一九七〇年代末期炒作白銀市場失敗的H・L・韓特（Haroldson Lafayette Hunt, Jr.），當時美國舉國陷入狂熱，許多家庭以每盎司高達二十五美元的價格變賣銀幣和銀餐具，後來市場在聯邦政府干預下崩盤。雖然葛洛斯與那個家族旁支的關係必須溯及一百多年前，他說：「也許我的基因跟市場的關係可追溯到十九世紀。」

葛洛斯的父親是阿姆科鋼鐵公司（Armco Steel）的銷售主管，這家公司曾經是中途鎮的支柱，現在已經沒落，但在該地仍有一座更名為AK鋼鐵的工廠。阿姆科在黃金時代為多種工業使用者製造各式金屬；在一九四〇年代和一九五〇年代，其主要客戶是汽車業大廠，大部分位於正北方的底特律。

葛洛斯十歲時，父親調職到舊金山，為阿姆科開辦一家銷售辦公室，以便服務西岸和日本的顧客。於是葛洛斯一家人帶著他們的德國狼犬，在芝加哥搭上火車，三天之後抵達黃金之州加州。葛洛斯在那裡發現自己適應新環境的能力：那是一段充滿刺激的時光。他對高速公路、綿延不斷的車陣燈光，以及大都市裡形形色色的活動感到驚嘆不已；舊金山和沾滿煤灰的中西部鋼鐵小鎮實在大不相同。除了大學時代和在越南服兵役外，葛洛斯此後未曾離開加州。

高大、略瘦的葛洛斯身長六呎，體重一七五磅。「今天是一七六磅，我幾分鐘前才量過體重。」他在二〇〇三年八月接受訪問時說。在高中時，葛洛斯比現在瘦得多，是籃球校隊的一員，最拿手的是立定投籃。他高中時代的偶像是俄亥俄州出身的頂尖大學籃球員陸卡斯（Jerry Lucas），後來轉進職籃；葛洛斯還保留一本剪貼簿，裡面記述了陸卡斯的豐功偉蹟。到了要上大學時，父母施壓要他唸史丹福或離家近的大學，但他說：「我必須離開，那對我很重要。我必須獨立，東岸是我唯一考慮的地方。」

葛洛斯參觀過康乃爾、普林斯頓和杜克（Duke）等大學。他母親認為普林斯頓是取代史丹福的好學校，但杜克的大學籃球隊已逐漸打響名氣，所以他選了杜克。「我讓我媽心碎了。」他承認說。而杜克也提供獎學金給他（學術獎學金，而非運動獎學金），但普林斯頓沒有，所以她終於同意讓他到北卡羅來納州中部唸大學。

不過，他未如願加入球隊。

葛洛斯主修心理學，副修希臘文，雖然他很少出席副修的課。在四年級時，他被差遣去為一位兄弟會的秘密會員候選人拿甜甜圈。當時下著大雨，他開車開得太快，以致於那輛納許藍伯勒型汽車失控，與對面來車撞個正著。他整個人衝出前座乘客前的擋風玻璃，四分之三的頭皮被削掉。受到驚嚇的葛洛斯渾然不知自己的傷勢，他聽到一位醫院急診室的醫生為他檢查時說：「孩子，我實在無能為力。」幸好，不久一位州警帶著葛洛斯的頭皮走進急診室，醫生才幫他醫治。此後葛洛斯對他仔細梳理的頭髮一直很敏感，甚至有點自負。

葛洛斯受的傷很嚴重，四年級大半的時間都待在醫院裡，所以他決心絕不再回醫院。持續運動，並開始為健康而鍛鍊身體。這也造就他與眾不同、嚴以律己的原因。最明顯的例子是，有一次在朋友的挑戰下，他從舊金山跑步到加州卡梅爾（Carmel），六天內跑了一二五哩。他在跑最後五哩的路程時一個腎臟已經破裂，當然，這又讓他再度住進醫院。有一次在南加州的步道跑步時，膝蓋也因此裂傷。今日，他的運動以瑜珈和騎運動腳踏車為主，目的就是避免損耗他的關節。

葛洛斯在北卡羅來納州一家醫院治療他的頭皮和身體時，看了索普（Ed Thorpe）寫的《打敗莊家》（*Beat the Dealer*），書中教人玩二十一點樸克牌的數牌方法。不像高倫（Goren）教橋牌學生計算手上的牌力，這本書的方法簡化了看似不可能的計算。這套算法不用強記每一張牌，而是把牌分成三組。兩點到六點都算負一分；七點到九點可以不理會，算零分。十點以上和愛司（Ace）則計正一分。事實上這個方法不必一一記牌，只要隨時知道累計的牌分是不是負分，即代表低點的牌已出現較多；而如果累計是正分，代表高點的牌已出現較多。在二十一點樸克牌裡，愛司算一點或十一點，人頭牌算十點，其餘的牌各依牌上的點數。玩家要補多少張牌都可以，但總數超過二十一點就算爆。莊家（平手自動算贏）的點數超過十七點便不能再補牌，但補牌時一樣可能會爆，例如，十二點的牌再補到一張人頭牌時。

要在打二十一點時記住出牌的機率，需要一點數學天分、專注力與記憶力，葛洛斯正好擅長此道——他對數字向來有一套，能在腦子裡快速運算，雖然他從不認爲自己是數學天才。他在醫院休養時研讀索普的書，與兄弟會的同伴測試他的能力。默記一副樸克牌是基本要求，有時候牌局才進行一半，大部分人頭牌就已出現，玩家在該局剩下的時間就可補更多牌而不會爆。有時候剛好相反，但因爲總共有五十二張牌，其中十六張爲人頭牌和十點牌，記住它們並不困難。因此二十一點賭檯莊家通常從一只裝了六副牌的「鞋盒」發牌，盒裡的人頭牌和十點牌共九十六張，愛司牌二十四張，外加二百一十二張其他點數的牌，而且不等所有牌玩完就會重新洗牌。不過葛洛斯堅稱，即使如此，索普的方法還是管用，雖然還得面對賭場環境嚴酷的挑戰——賭檯四周總是有不愉快的干擾、圍著邋遢的醉漢，日復一日，而且當賭場警衛或老闆發現你總是在贏錢時，最後總會把你趕出場。

這位年輕的賭徒從這些小嘗試中汲取經驗，並醞釀畢業後想當個職業賭徒的雄心大志。他已經登記加入海軍——另一個選擇則是等候徵召，很可能是陸軍，因為當時越南已逐漸攻佔報紙頭版。不過他要等到一九六六年十月才必須報到，於是在六月，他帶著二〇〇美元和滿腦子的數字前往拉斯維加斯。這時候他主修的心理學已經退居成副修，但非不重要的興趣（**葛洛斯對人類行為感興趣，主要是因其影響市場的觀點，而非影響個人**）。葛洛斯不否認公司資深合夥人對他的評語，說他是「不擅於人際關係」的人，他厭惡管理部屬或業務，反而喜歡安靜地盯著電腦螢幕上的數字，甚至可以持續數小時之久。

葛洛斯住進每天只要六美元的印地安飯店（**偶爾花幾個銅板在當地賭場的吃角子老虎上**），因為他的汽車已經報銷，所以走路至拉斯維加斯大道，然後開始賭博。「我的父母告訴我，他們認為我一、兩天就會回家。」後來他接受《紐約時報》訪問時這麼說。他找免費的食物吃，以保存賭本，不但逐漸精通索普的方法，還想出避開賭場厭惡干擾的方法。剛開始他會暫停一會兒，以避開擠在一旁看牌的男男女女——這種人在今日任何一個賭場也看得到，不同的是在當年他們呑雲吐霧與滿身的酒臭讓人更不敢領教。不過，他發現暫停會打斷節奏和專注。沒多久，他一天在賭桌前的時間就已長達十六小時，天天如此。葛洛斯向來刻苦耐勞，他早期的上司便十分激賞他長時間工作的態度，今日他在PIMCO對新進員工也是無情地賦予艱鉅的任務、沈重的責任，並且要求挑燈夜戰。經過短短四個月的勞心與勞力，他從賭桌賺來的錢便已達到一萬美元，足夠支付他的企管碩士（MBA）學費了。在這個過程中，他學到了杜克大學沒有教他的東西：如何管理金錢。

在賭場待了四個月後，葛洛斯到佛羅里達州潘薩柯拉（Pensacola）的海軍航空站報到，準備服兵役，他希望能當個戰鬥機飛行員。和當年與今日的新兵一樣，他和他的同志被交到一群幹練的訓練士官手中。海軍已經取消當年的選拔制度，因爲今日的美國人很少能忍受葛洛斯那一代部隊的種種儀式。光是基本訓練要求的服從和紀律，自尊心強的年輕人恐怕就難以承受。尤其是面對一群心高氣傲，想當海軍飛行員的屬下，訓練士官的職責就是羞辱與恫嚇這些新兵，直到超過他們的臨界點。這個叫葛洛斯的高傲大學生對此深感震撼，至今難忘。他花了大半夜的時間清理步槍，結果還是未通過檢查。他得花好久的時間整理床鋪才能達到士官的要求，所以乾脆睡在地板上。他也作伏地挺身、拉單槓、行軍和跨越障礙跑步。但葛洛斯在他的著作《葛洛斯談投資》（*Bill Gross on Investing*）中說，海軍士官柯魯茲（Alfredo Cruz）永遠不滿意，他會咆哮道：「你永遠開不了噴射機，葛洛斯！汽球小飛船（Blimp）比較適合你！」最後葛洛斯兩種都沒開成。

但令他大感灰心的是，他發現自己不是那塊料。他確實聰明，心算數學機率比柯魯茲數伏地挺身快得多，但駕駛超音速戰鬥機，從航空母艦甲板升空準備戰鬥的無數細節，實在令他不勝負荷。他說：「我是屬於概念型的人，而概念型的飛行員只有死路一條。」在投資方面，葛洛斯只掌管大局，把瑣碎的工作，如選擇個別證券，交給公司的基金經理人和分析師。這是所謂「由上而下」或總體經濟的「總體」方法：研究一個經濟體，或多重經濟體，而不管它們的組成部分，例如，產業和區域經濟。這是PIMCO總報酬基金儘管規模龐大——超過七〇〇億美元——卻不會阻礙成功操作的主要原因。葛洛斯負責挑選哪些債券市場應該增加或減少投資，但他不負責挑選個別債券。

這個新兵的飛行員渴望在第一次訓練飛行之後，熱度便爲之大減，他發現翺翔在藍天白雲間的美妙滋味被過度誇大。他討厭飛行，至今仍是如此。身爲德國大型保險公司旗下重要分公司的投資長，他無法逃避海外差旅，但他盡可能派遣屬下代勞。因此海軍少尉葛洛斯前往越南並不開戰鬥機，而是駕駛小艇帶海軍的海豹特戰部隊深入叢林河流，執行危險的秘密任務。當然，面對危險的是海豹部隊，葛洛斯的小艇唯一一次遭到攻擊時，他正好因晚起床而不在船上。

從海外回來後，葛洛斯帶著乏善可陳的戰爭故事、退伍軍人的政府就學贊助（GI BILL）和辛苦贏來的一萬美元，前往洛杉磯加州大學。投資的因子潛藏在他的血液，而開學沒多久，他就發現索普寫了第二本書，叫《戰勝市場》（*Beat the Market*）。書中宣揚華爾街一項鮮爲人知的產品：可轉換公司債（convertible bond, CB）。這種債券在符合條件時，可轉換成股票，並支付不錯的利息。可轉換公司債此後不斷演變和普及——巴菲特經常利用它們來提高報酬率——但仍舊是高度專業化的產品，因爲投資人必須在兩方面都作嚴謹的分析，即債券發行公司的普通股和債券。索普指出，由於可轉換公司債很深奧且較少公司發行，因此高明的投資人有機會從中獲利。不爲人熟知的投資產品帶來機會，彼得・林區（Peter Lynch）就是因爲尋找被市場忽略的公司而聲名大噪，通常是一些籍籍無名的小公司。

著名的效率市場理論（Efficient Market Theory）認爲，小公司的股票表現會比大公司好，事實也是如此。學者舉出的主要理由之一是資訊落差，也就是說，由於有眾多的投資人注意世界級的大公司——如奇異、可口可樂和通用汽車——當這些股票的「新聞」一傳出，市場就會立即反應。大家都熟知這些公司，因此根據理論，它們的股價會立即反應新資訊，而獲得更正確的定價。分析師較少研究小公司，也較少投資人花時間注意它們，因此效率市場理論家認爲小公司較不透明、不爲人知。其結果是，它們的價格較不正確，因爲它們對資訊的反應較慢，而由於較少人把它們納爲投資組合的核心，使它們的股價被低估。所以效率市場的行家認爲，長期來看，小型股成長的幅度會大於眾人皆知的大型股。

同樣地，因爲一九七〇年代較少投資人注意可轉換債，且影響可轉換債價格的因素至少有一部分和股票相同，因此理論家會說，可轉換債是葛洛斯尋找無效率定價的好地方。今日有數十家共同基金專精於交易可轉換債，包括PIMCO可轉換債基金，但在一九七〇年代只有一家，而且資產少到幾乎沒有人知道。葛洛斯的碩士論文主題就是可轉換債，可以說冥冥之中註定了他的職業生涯。

二〇〇二年（**正當空頭市場最谷底時**）前往華爾街找工作的年輕MBA，所面對的景況和三十年前頗爲相似，當時也是熊市當道。剛取得企管碩士學位的葛洛斯走進一個不需要MBA的市場，尤其是在他喜歡的西岸，當時西岸與今日的華爾街距離似乎更遙遠。有一個週日早上他頹坐在餐桌前，來探望他的母親正做著天下的媽媽都會做的事——唸報紙的求才廣告給他聽。她讀到一則太平洋共同人壽保險公司（Pacific Mutual Life Insurance Company, PMLIC）徵求新進信用分析師的啓事。兒子聽話地應徵了，雖然他像大多數的年輕證券分析師一樣，想從事股票業務，而對債券業務興趣缺缺。他從沒想到那則啓事引導他跨上一個名揚世界的職業生涯；當時他只希望一、兩年之後，能有機會轉換跑道操作股票。

葛洛斯的條件應徵PMLIC再適合不過。負責面試、後來成爲葛洛斯主管的埃勒特（A. Benjamin Ehlert）回憶說：「他的碩士論文題目正好是可轉換公司債，所以我們很感興趣。」保險公司藉保費投資以賺錢，而當時PMLIC主要投資項目爲債券、抵押貸款債券和私募配售（**private placement，一種債券的變形**）。埃勒特說，葛洛斯的資格絕佳，而且看起來十分聰明。所以他被錄用了。

※　※　※

不久之後，葛洛斯就發現他是在最好的時機，來到最適合他的地方。他開始工作沒多久，ＰＭＬＩＣ就委任麥肯錫顧問公司（McKinsey & Co.）找尋新營運機會，而麥肯錫的建議是股票共同基金。這家保險公司擁有龐大的銷售人手，只要稍加訓練，就能既賣保單、又賣基金。並因此設立子公司ＰＩＭＣＯ來執行這個策略，葛洛斯很快便加入其中。當時他仍一心想轉進股票圈。

讀者可能對ＰＩＭＣＯ在葛洛斯加入前就已存在感到困惑，因爲一般人認爲是他與兩位合夥人共同創立這家公司。技術上來說，公司不是他們創立的。葛洛斯和另兩個人，穆茲（James Muzzy）和波禮克（William Podlich）確實造就了日後的ＰＩＭＣＯ，而且就今日這家公司對固定收益投資的影響力來看，他們就是公司的創始人。在十年之後的一九八二年，他們將展開擺脫母公司掌控、正式建立獨立性的過程。但是在頭十年，他們寄居在集團的殼子中，一點一點地接管公司。

這個過程並不困難。和葛洛斯同時加入公司的穆茲也是基金經理人，他說：「一年半後，他們發現保險經紀人不肯接觸共同基金。」另一方面，葛洛斯發現他的上司埃勒特對積極式債券管理並不排斥，而且願意推展這個點子。隨著傳統債券管理技術式微，該公司的投資委員會也同意保留債券投資組合中的五〇〇萬美元，交給埃勒特經營，然後再把這個工作交給葛洛斯。

保險公司不會有任何損失。政府大舉超支在當時的大社會計畫（Great Society）和越戰上——所謂的大砲與奶油（guns and butter）——導致通貨膨脹逐漸攀升。今日的年輕人看一九七〇年代的電視節目《瑪麗・泰勒・摩爾秀》（*Mary Tyler Moore Show*）重播時，肯定無法體會開場的幽默：主角拿起超級市場的一包肉，作鬼臉後聳聳肩，再把它丟進購物車。整整十年，食物價格每週或每月上漲，消費者既生氣又無奈。尼克森總統實施物價管制，福特總統不久後又推出「打擊通貨膨脹」（Whip Inflation Now）別針，他的繼任者卡特（Jimmy Carter）也想盡辦法達成這個目標；但沒有人控制得了債券市場，隨著通貨膨脹，債券價格節節滑落。銀行順應趨勢，推出新產品定期存單（certificate of deposit），提供不斷調升的優厚利息。公債被華爾街謔稱爲「充公券」（certificates of confiscation），雖然當時的公債利息比今日似乎高很多（有時候高達二〇％），但因爲利率激漲，投資人買了公債很快就會看到價格直直掉落。那就像伸手接掉下來的刀。

不屈不撓和充滿自信的葛洛斯開始大展身手。他發現遍地的機會，當時是使用複寫紙、打字機，長途電話費還很昂貴的年代，最靈通的債券消息大都刊登在一家叫《債券買家》（*Bond Buyer*）的報紙上，彭博的即時追蹤債券交易系統要等十年後才會出現。當時的交易都以電話完成，透過紐約所羅門兄弟和高盛等債券專業公司的交易檯，以叫價和喊盤方式進行。有一種交易極冷清的私募配售債券經常有好機會，這種債券與一般債券不同之處，在於不受證券管理委員會（Securites & Exchange Commission, SEC）嚴格監督，而且只能經由機構買賣。有一次，葛洛斯左手拿的電話傳出要買二〇〇萬美元通用電話電氣公司（General Telephone & Electric Company, GTEC）的七％利息優先私募證券，價格為七十九，也就是面值一、一〇〇美元的證券價格七九〇美元。然後他以右手拿的電話報價賣出，談成的價格是八十九。這種交易稱作「交叉」（cross）；PIMCO擁有那筆證券的時間只有確認兩筆交易之間的幾秒鐘，在那一刻，右手完全知道左手在做什麼，葛洛斯轉手賺進二〇萬美元的利潤。他在接受訪問時告訴我：「那是一筆完全沒有任何風險的鉅額交易，也是我最大的一筆交叉交易。如果你能在交叉中賺到十個基點而沒有風險，就算是不錯的成績了。」

這家保險公司相信他們手上有一顆即將崛起的明星，當時PMLIC投資部門主管、也是後來的董事長傑肯（Walter Gerken）十分賞識葛洛斯，帶著他參加維吉尼亞州威廉堡（Williamsburg）一個重要的保險業主管會議。由於擁有龐大的債券投資組合，每家保險公司都深受通貨膨脹之苦，所以會議的主題是如何因應這種情勢。葛洛斯沒有被排進議程，但他頻繁地在聽眾席發言吸引不少目光。傑肯現在已經退休，但仍在新港灘的辦公大樓有一個辦公室，和葛洛斯同在一處；有一個春天下午我與他見面，暢談當年他手下的神童。回憶那次投資會議，他笑道：「一位我的朋友當時對我說：『不得了，你們哪裡找來這個聰明的傢伙！』我說：『你最好別動挖角的歪腦筋！』」

傑肯知道對手正在向他的神童招手，雖然他可能會驚訝實際上只有兩家公司這麼做。第一家是葛洛斯前往舊金山和羅森伯格（Claude Rosenberg）面試的一個工作機會，羅森伯格掌管的羅森伯格資本管理公司（Rosenberg Capital Management）當時的規模比ＰＩＭＣＯ大得多，也更知名。葛洛斯說：「如果他們錄用我，我可能會接受那個工作。」但他未被錄用。諷刺的是，羅森伯格向來以識人自豪，後來他在一九八六年寫了一本名爲《追隨投資好手》（*Investing With the Best*）的書，他在書中提道：「找到最好的人和組織爲你投資，是你最重要的理財決策。」羅森伯格放棄葛洛斯而選擇的人並未闖出名號，至少Google搜尋不到。

不過，羅森伯格推薦葛洛斯到另一家公司，該公司正好在洛杉磯設立一個管理債券的辦公室。這家已經不存在的公司提供葛洛斯兩倍的薪水，大約是每年二・五萬美元。葛洛斯爲如此優渥的待遇苦思兩週，他需要錢，還有錢所表彰的地位，但最後他發現：「我不是那種人，能說走就走，拋下曾經對我那麼好的一家人，所以我留下來。那是我有過的最後一次機會。」

PIMCO一直對葛洛斯不錯，但他和同僚穆茲與波禮克都認爲公司自滿的權威式管理令人厭惡。穆茲和波禮克坦承，葛洛斯認爲這家保險公司的主管都是「終身監禁犯」，缺乏建立一家世界級公司的動機。升不升遷對葛洛斯沒有意義——傑肯說，顯然他「不想當部門主管；他只想管理資產」——但薪水卻有關係，而且他也不吝於要求加薪。公司裡爲人津津樂道的傳說之一是，葛洛斯、穆茲和波禮克有一次與傑肯開會，並提出大幅加薪的要求——從當時的年薪五萬美元，提高到七・五萬美元。傑肯答應了，但馬上發現他們三人不但不感激，而且馬上後悔沒有要求更多。

葛洛斯、穆茲和波禮克不斷努力在公司裡推行分享利潤和股票的作法，他們也因此而富有。不過，在保險公司保有三〇%股權的情況下，仍舊賺進大把鈔票。德國安聯集團（Allianz）在二〇〇〇年以三十五億美元，買下PIMCO的七〇%股權。PMLIC持有的股權價值不菲，因爲當初的成本極低。「他們頂多在頭兩、三年有過淨投資——大約一、二十萬美元。」波禮克估計。葛洛斯持有的公司股票據報告價值二・三三億美元，加上一份二億美元的五年合約，到二〇〇五年期滿，以及一般的薪資和紅利。依照他在業界的地位估計，葛洛斯的一般薪資可能在一年五、〇〇〇萬美元之譜。總之，葛洛斯是身價約五億美元的富豪。

葛洛斯管理的投資組合，很快就讓保險公司的其他投資黯然失色。於是傑肯又說服與PMLIC是同一批董事會成員的南加州愛迪生公司（Southern California Edison Company），讓葛洛斯管理他們的一部分公共事業債券。這家電力公司在一九七三年交給他一、〇〇〇萬美元，正式成爲葛洛斯投資紀錄的第一家委託顧客，而且此後的複合平均年報酬率高達一〇・一一%。儘管通貨膨脹加速上揚，他的績效仍步步高升；他在一九七五年和一九七六年連續兩年的報酬率將近一八%。再一次由於部分PMLIC的董事也擔任當時最佳藍籌公司的董座，葛洛斯和傑肯漂亮的績效受到美國電話電報公司（AT&T）紐約總部的注意。在一九七七年，PIMCO達成公司歷來最重要的交易，成爲首家爲全球最大企業管理資產的西岸投資公司，也是AT&T

委託管理部分債券的第一家非銀行，和AT&T雇用的第一家專業固定收益管理公司。

在一九七〇年代，葛洛斯率先利用非傳統類債券，來分散持有公債和投資級公司債的組合。可轉換公司債一直是他投資組合的一部分，但他又增加抵押貸款債權擔保移轉證券（mortgage pass-through）這種今日佔總債券市場三分之一的工具。他也利用衍生性產品，例如，公債選擇權和新興市場債券。這些工具都提供投資人所稱的「利差」（carry），即以風險較低的替代投資產品換取報酬。葛洛斯逐漸成爲擴大投資組合的利差，同時控制風險在可接受水準的箇中好手，最後更成爲引領世界風潮的人物。不像股票投資人想購買價格被低估、「貝塔」值（beta，衡量股票非因整體市場上漲而上漲的潛力標準）高的股票，葛洛斯嘗試找尋利差高與相對風險不成比例的債券。他不只是尋找在市場上相對「便宜」的債券，而是尋找相對於基本條件顯得便宜（亦即有高利差）的債券。

收益率最高的債券，例如低於投資級（垃圾）債券，有很高的利差，但風險通常也高。葛洛斯設法從公債衍生性商品擠出利差，雖然這類商品與公債在數學上有關，但卻不及公債安全。他從中發現定價的變幻無常：在衍生性工具的結構中，存在著與牽涉之風險極不成比例的利差（公債本身被視爲「無」風險，因爲美國政府無法償債的風險極低，被專家認爲可以忽略不提——萬一美國政府未能償債，世界金融體系可能爲之崩潰）。

葛洛斯的技巧與精明很快便讓他在這家保險公司的投資團隊中嶄露頭角，穆茲也成爲他的合夥人、投資的同僚和好朋友。兩人在迅速崛起的PIMCO擔任首席推銷員，推銷總報酬債券投資的概念。埃勒特也幫了忙，穆茲說：「葛洛斯和我看起來都太年輕，許多人不敢把錢交給我們管理，埃勒特老練多了，他走進會議室時給人較多的信賴感。」

雖然葛洛斯早年熱烈推銷PIMCO，搭飛機（儘管害怕）到處談交易，但他不喜歡虛情假意的客戶，他也不喜歡會打擾他工作的人。這位年輕投資組合經理人開始閱讀於一九二三年初版、一九九三年再版的《股票作手回憶錄》（*Reminiscences of a Stock Operator*），這是一九二〇年代最成功的股票作手李佛摩（Jesse Livermore）以寓言兼小說體所寫的傳記。機靈的李佛摩善於觀察市場和投資人心理，他大賺八次又大賠八次，最後一次終以自殺收場。他在書中歸咎屢次失敗的原因在於自己總是無法遵守經過再三測試的準則，而這個道理的根本就是要了解自己。葛洛斯在辦公室裡掛了一幅李佛摩盛裝打扮的畫像，從頭上戴的帽子到腿上的綁腿，底下有一則李佛摩的引言：「在實務中，投資人必須提防許多東西，尤其是自己。」

幸好穆茲不但不介意會見和招呼潛在客戶，他還樂在其中。他與葛洛斯互補優缺點而非彼此競爭，穆茲喜愛交際、性情外向；而葛洛斯則害羞又內向。在公司不斷成長時，穆茲待人始終隨和親切，包括對待部屬；而葛洛斯則拙於與人相處，與部屬保持距離。穆茲樂於詳細解釋PIMCO和葛洛斯的工作內容，以及執行方式；葛洛斯則寧可身體力行去做。不過，兩人對經營投資百貨商場的管理工作都不怎麼熱中。正如他們所說，各行各業都不一樣，但投資公司管理工作所牽涉的成本、聘雇、解雇等，實際上和賣檸檬汁的小攤販沒有兩樣。

助力來自公司第三位創辦人波禮克，他比另外兩個人早進PMLIC五年。當時傑肯從西北共同人壽公司（Northwestern Mutual）跳槽過來，擔任PMLIC投資部門主管，他請波禮克擔任助理。後來傑肯升職出任保險公司執行長，波禮克繼續擔任新投資部門主管湯普遜（Ott Thompson）助理的角色。等穆茲和葛洛斯漸漸把PIMCO推往新方向時，波禮克的工作是處理投資營運的資料紀錄、行政和規劃等事務，簡單的說，就是業務部門。他們一起合作，並開始談到如何把這個相當於PMLIC後衛的部門，轉型成固定收益業最前鋒的投資公司。他們發現三個人可以協調合作，成為可靠的「三腳關係」（three-legged stool）。

穆茲解釋說：「大多數公司由投資部門主導，他們被業務問題糾纏，以致於無法聚焦在資金的管理，而導致犧牲績效，或排斥新的業務。」所以PIMCO準備與眾不同。葛洛斯管理資金、穆茲負責客戶關係，而波禮克管理公司營運。波禮克擔任這個角色直到一九九〇年代初期，最後把工作交給公司現任執行長湯普森（William Thompson）。

這個三腳關係仍延續PIMCO的營運模式。為葛洛斯工作的投資經理人開始有稱作客戶經理人的合作夥伴，他們為穆茲工作。客戶團隊都擁有管理投資組合的資格，兩邊互換角色的例子屢見不鮮：現在是合夥人兼PIMCO首席FED觀察家的麥克里（Paul McCulley），最早即擔任客戶經理人。不過客戶團隊專責機構客戶的聯絡工作，財星一〇〇大企業中約八〇%是他們的客戶，當他們想了解自己的投資部位時，通常會聯絡客戶經理人而非基金經理人。另一方面，一個人數相對較少的團隊直接為湯普森工作，專責聘雇、解雇、發薪水和規劃公司策略。三個人仍然是團隊的固定合作夥伴，他們的部屬也會彼此要求以同樣的熱忱對待客戶。湯普森說：「葛洛斯會經常注意我沒發現的事，如果我發現他做了我不喜歡的事，也會提醒他。在業務方面，他可以提醒我反省一些事，例如：『降低那件事的成本！』他很有業務頭腦，但他允許別人，包括他自己，放手做各自的業務，而且不會影響自己的努力和想法。」

另一方面，回到一九七四年，國會通過「員工退休收益安全法案」（Employee Retirement Income Security Act, ERISA），賦予勞工部要求退休基金經理人擔公正受託人的權責，也就是說受託人則必須扮演財務的「善良管理人」。這個政策的理念是：國會相信管理退休基金的公司會有利益衝突的問題，他們不會善加扮演目前和未來退休員工的受託人，而會追求自己的利益，他們會持有大量公司股票，且有時為滿足管理階層的短期需求而買賣股票。員工退休收益安全法案的目的在於鼓勵企業雇用外部的經理人管理退休基金，並賦予外部經理人前所未見的獨立性。

完全獨立的固定收益管理公司突然變得十分搶手。PIMCO繼續輕鬆超越其他競爭對手，它可以強調自己是一家獨立、位居領先地位的債券管理公司，而且當時債券正是退休基金投資的主要證券類別。埃勒特回憶一九八一年從PMLIC（**這家公司後來也非共同基金化**〔demutualized〕）退休時，PIMCO的總資產為二十億美元。而在一九八四年PIMCO重新雇用他擔任顧問時，總資產已達六十億美元。

「成績相當驚人，三年內管理的資產成長爲三倍。」他說。

埃勒特不在的期間實爲一個轉捩點：ＰＩＭＣＯ從保險公司獲得獨立經營權。變化多端的投資市場和停滯的保險業，多年來兩者間的緊張關係不斷升高，共同基金業者理柏公司（Lipper）的同名創辦人理柏（Michael Lipper），形容兩個產業間的鴻溝是一個「停車場問題」。保險公司的主管每天開著別克汽車（Buick），停在他的停車位，而投資部門主管的停車位上則是一輛法拉利（Ferrari）。七位數的薪資在保險業者間很罕見；對投資經理人卻稀鬆平常。

到了一九八一年，波禮克說：「明顯地，ＰＩＭＣＯ必須選擇離開。」帶來龐大獲利的投資專業人員想分一杯羹。波禮克當年在保險公司爲湯普遜工作時，兩人曾討論過這件事。波禮克說：「我們開始想從母公司分割出來時，湯普遜認爲我應該跟著出去幫忙管理，我沒有問題。我看得出ＰＩＭＣＯ未來的成長潛力比保險公司高。當然，當時沒有人想到它會成長至如此巨大的規模。」

湯普遜和他的上司傑肯，也各自徵詢其他公司的看法。傑肯找上比他資深十年的西方信託公司（Trust Company of the West, TCW）創辦人兼董事長戴依（Robert A. Day）。「他告訴傑肯許多管理業的事，」波禮克說：「戴依說，如果你不採取行動，這些人才就會出走。」今日的西方信託公司是一家資產八五〇億美元的投資管理公司，管理股票之餘，也和PIMCO一樣管理固定收益證券，母公司是歐洲的興業銀行集團（Societe Generale）。

因此在一九八二年，PMLIC和葛洛斯、穆迪及波禮克達成協議，同意分給他們一部分營運利潤。大約在此時，PIMCO對外的企業文化表徵也逐漸成形。幾位合夥人徵詢組織管理大師杜拉克（Peter Druker）的意見，他建議他們採用一套平面、無階層的結構。PIMCO沒有任何「角落辦公室」（corner office），葛洛斯設在交易廳旁的辦公室，恐怕任何一家銀行的副總裁都不肯屈就，小到裡面幾乎擺不下訪客的座椅。如果有人需要記筆記，葛洛斯的辦公桌可以滑出一小塊放吸墨器的板子。如果某家公司的高層主管順道來訪——比爾・福特（Bill Ford）有一次把遊艇泊在新港海灘，來和葛洛斯討論公司的債券——他的隨從必須在大廳等候。

在一九九〇年代，這家崛起的公司在退休基金管理界和其他機構投資人間，仍然籍籍無名。葛洛斯每個月會寄給公司的投資管理報告名為《投資展望》（**現在可在公司網站** www.pimco.com **上瀏覽**），但很少引起大眾注意。該公司一直到一九八七年才開始對大眾共同基金感興趣，當時推出PIMCO總報酬基金，此後也很少有新產品；

大多數市政債券投資組合是在一九九〇年代末期創立的，因此PIMCO在建立知名度上遠晚於紐文（John Nuveen & Co.）、富達（Fidelity Investments）和先鋒集團（Vanguard Group）。不過，葛洛斯在市場行家間確實擁有高知名度，有一次他出現在盧凱瑟（Louis Rukeyser）的《周遊華爾街》（*Wall Street Week*）節目，頂著一頭像波諾（Sonny Bono）的髮型，陪他坐在沙發的是彼得·林區（Peter Lynch）。但一九八〇年代和一九九〇年代大眾對多頭股市的印象遠超過債券，所以葛洛斯的公眾知名度也較低。

（今日有數家大眾共同基金以PIMCO的招牌行銷，包括數檔股票基金，但大家都知道那些債券基金皆非由PIMCO管理。它們是由安聯的其他附屬公司管理，由總部設在康乃狄格州的PIMCO顧問銷售公司〔PIMCO Advisors Distributors〕統籌行銷，賣給經紀公司和其他顧客）。

不過，這段沒沒無聞的日子對葛洛斯的投資人卻是好事一樁。在一九八一年，長期公債殖利率約一五·五%，伏克爾向通貨膨脹鷹派屈服，開始艱困地展開調降利率的過程。在之後的二十年間，聯邦準備理事會大砍利率約三分之二。債券價格隨之上漲，讓持有人除了利息外，也賺飽投資利得，而PIMCO總報酬基金則穩定地超越市場標竿：雷曼兄弟總體債券指數（Lehman Brothers Aggregate Bond Index），每年幅度在○・五個百分點到一・五個百分點。即使利率到一九九○年代降到單位數比率，葛洛斯的基金從一九九三年到二○○二年的十年間，有五年爲持股人創造十位數的報酬率。一九八○和一九九○年代，在信用市場工作的人都視葛洛斯爲當代傳奇人物。

到一九九○年初期，波禮克愈來愈想淡出公司，投入橘郡和加州政壇，他一直是民主黨的一個要角。ＰＩＭＣＯ因此徵召湯普森（Bill Thompson）出任執行長，協助領導該公司跨入另一個成長階段——正式從保險公司分割出來，成爲一家上市公司。葛洛斯的長期友人兼支持者克文哥羅斯（William Cvengros）原本是保險公司的資深主管，現在接掌ＰＩＭＣＯ顧問公司（PIMCO Advisors）的董事長。ＰＩＭＣＯ顧問公司後來開始推廣ＰＩＭＣＯ大眾共同基金，這家新公司三五％屬於保險公司，二五％則爲ＰＩＭＣＯ合夥人持有，其餘屬於投資大眾。ＰＩＭＣＯ顧問公司也在二○○○年轉型爲德國保險巨擘安聯的子公司，安聯持有七○％股權，ＰＭＬＩＣ則持有三○％。

※　※　※

這項交易使ＰＩＭＣＯ自動變成安聯的子公司，但企業文化仍維持不變。從由公司往外眺望與它同名的「海灘」，中間隔著一條高爾夫球道和太平洋海岸公路，在公路與太平洋上相隔二十六哩外的聖塔卡塔利納島間，則散布著數座鑽油平台。儘管美景當前，面對辦公室裡林立的彭博資訊系統，和牆上一面播放著CNBC節目（沒有聲音）的巨大電視螢幕，葛洛斯要求員工和他一樣全神投入、長時間工作，並且對公司忠誠。公司內部安靜得有如一個螞蟻社會，忙碌的程度也不遑多讓，新員工的第一年是柯魯茲士官長會大表讚許的折磨期。「那幾乎就像西點軍校的第一年，而我正好唸過西點的第一年。」PIMCO的投資級公司債專家基瑟爾（Mark Kiesel）在一九六年加入公司，他說：「一點也不好玩。」但這麼做的目的和當年柯魯茲的目的一樣，是辨別誰屬於這裡而誰不是的好方法，因爲按照人力資源顧問的說法，那些賣命工作的人就是動機強烈的人。第一年的員工團隊彼此競爭現金獎勵，在長期論壇（Secular Forum，第四章將提到）結束時頒發，最高可達三．五萬美元，薪資和績效獎金讓那些好手很快變成百萬富翁。PIMCO最資深的經理人（葛洛斯稱爲合夥人的執行董事）可以分享公司的獲利和股票，即使是在安聯的旗下。資淺的合夥人和執行副總裁也能分享利潤和股票，穆茲說：「我們必須讓第二代和第三代也成爲股東。」

葛洛斯因爲安聯的交易而富甲一方，而且就像其他大富豪一樣，成爲社交圈的焦點人物，但他痛恨這一點。「在我看來，雞尾酒會是全世界最浪費時間的事。」他說。他的助理芮默（Danelle Reimer）每天會接到眾多邀請函，大部分來自慈善機構。「我把它們帶回家，但是我不會應邀去喝幾杯酒和吃一頓。」他在一篇《投資展望》的專欄中，形容每年耶誕節前必須趕赴一連串非去不可的宴會是一大酷刑。另一篇則描述他和妻子蘇依應邀到微軟創辦人蓋茲（Bill Gates）的豪宅喝雞尾酒、聊天，然後簽一張捐給慈善機構的支票。葛洛斯緊張到他被介紹給蓋茲時，稱呼蓋茲爲麥克（Mike）。而蓋茲這位美國排名第二的企業領導人，只是對美國排名第十的領導人（**根據兩人在《財星雜誌》的排名**）露齒而笑，然後把他交給女主人；尷尬而困窘的葛洛斯只好繼續往迎接的行列走。

由於無法完全避免宴會，他只好自己舉辦，且盡可能減少次數。他告訴我：「我的理想是每隔十年左右辦一場大宴會。」在二〇〇三年夏季，他包下一艘豪華遊艇，載著家人、同事，和一〇〇名橘郡的年度教師代表，到阿拉斯加的峽灣渡假一週。「這才是我想要的宴會，而且我試著每隔十年或二十年才辦一次。」

葛洛斯的靈性傾向並未引導他參與宗教活動，但對他周遭生活的影響卻很顯著。他妻子和兒子是天主教徒，他父親也是，但母親不是。他會去望彌撒，但不參加聖餐儀式，而且聽講道時的沈思也大都是個人的自省。《新聞週刊》有一篇報導瑜珈的文章裡，引述他的話說瑜珈是「身體的鍛鍊，與靈性或宗教無關」。但東方宗教，尤其是佛教，卻「深得我心」，他告訴我：「他們強調專注在此時此刻，必須向內看，還有專注於內在的靈魂，而非往外尋求救贖。他們的信念是，神存在每一個生靈中，我們的任務是尋獲祂，不管是透過冥想、沈思，或者生活和服務社會。」

坐擁財富與影響力的葛洛斯，也恰如其分地積極從事慈善活動，他的慈善工作主要貢獻給新港灘和橘郡鄰近的社區。在安聯併購ＰＩＭＣＯ時，葛洛斯和他的夥伴設立一個一、〇〇〇萬美元的基金，專注於橘郡的社區工作。葛洛斯和他的家人也成立個人基金，叫葛洛斯家族基金（Gross Family Foundation）。大多數葛洛斯的慈善捐獻投入教育，當兒子尼克就讀新港灘的聖山中學（Sage Hill School）時，葛洛斯資助一個獎學金計畫，把少數族裔就讀私立小學的比率提高到一五％。這個基金十一年來發給橘郡年度五〇名最佳教師的現金獎勵，總額多達十二萬美元。「這些錢直接發給教師，他們可以用來買汽車，但大部分人會用來買課程教材，確實令人感動。」他說。

葛洛斯家族基金會規模很小，但創辦人告訴我：「我猜想五年後，它的資產會名列美國前五〇大私人基金會。」根據基金會中心（The Foundation Center）的統計，這表示它的捐款至少會達到八・六五億美元。「它不會跟蓋茲基金會一樣擁有數十億美元，」葛洛斯告訴我：「但會以同樣廣泛的關懷，和以富有建設性的方式散布財富。這樣會讓我和蘇依，甚至兒女以後數十年有許多事可做。我最希望的是把賺來的錢用於資助這個基金會，其次是確保基金會能延續下去。我不是說確保它走正確的方向——正確的方向有許多——而是確保它在回饋社會有意義的事。」

PIMCO躍登公眾舞台始於一九八七年，一直到今日逐漸名聞遐邇。這種發展使更多人聽到葛洛斯的聲音，但並未阻止他在若干爭議性問題堅持地表達立場。他從一開始就支持雷根經濟學（Reaganomics），在一九八一年九月曾預測股票空頭市場即將結束，果然第二年八月就應驗。兩個月後的十月，他預測債券將步入多頭市場，果然長期利率開始從一五・五%展開長達二十年的下滑。一九九九年十月，他挑戰新經濟（New Economy）的假說，宣稱網際網路等科技帶給消費者的益處，遠超過帶給企業。「股票持有人注意了，」他寫道：「網路上的消費者可能變成你最可怕的敵人，而非最好的朋友。」一個月後，他把網際網路股比喻成買空賣空的騙局。短短四個月之後，科技股開始崩盤。

二〇〇二年九月，他在《投資展望》上發表「道瓊五、〇〇〇點」的文章，為他吸聚了職業生涯史上最多的注意力。葛洛斯在職業生涯一直抱持看空股票的觀點，他就是不相信股票報酬率將永遠超越債券的公認說法。他反駁說，這種說法有太多例外了，其中最明顯的是，投資績效實際上取決何時開始，以及何時結束。他寫過無數有關這個主題的文章，二〇〇一年四月號的《投資展望》標題是「股票行情的迷思」。但當他在九月宣稱「股票臭不可聞」（stocks stink）時，卻激起股票擁護人士的憤怒。線上雜誌《記錄》（*Slate*）刊登類似我爲微軟ＭＳＮ網站寫的共同基金專欄，文中嘲諷葛洛斯說：「這段宣示有點像禁酒主義者宣稱今年的薄酒萊葡萄酒不能喝。從來沒碰過股票的人，批評時就沒有公信力。」文中還指控他「爲自己的書作宣傳」，或推銷自己的投資比對手強。《記錄》的文章說：「他的職責就是把股票想像成瑕疵品。」

葛洛對外界的激烈批評十分訝異，但這種事不斷重演。二〇〇三年三月，這位公開自稱是共和黨徒的越戰老兵，以他震懾人的傳道語氣哀悼伊拉克戰爭。他寫道：「先發制人？在他們殺死我們前，先殺死他們？情勢發展至此，令我感到痛心，我爲我們國家驕傲的傳統，甚至未來的前途擔憂。」《華爾街日報》（*The Wall Street Journal*）譴責他，但是以新聞報導的方式，而非社論和專欄。報導的標題是「太平洋投資管理公司主管發表爭議性的和平觀」。一位華爾街人士引述該報導，評論葛洛斯的話是

「一位加州居民說的場面話，而加州顯然不是高風險的地方」。

事實上，葛洛斯偏愛西岸的天氣和高爾夫，而不是當地的政治，雖然他在共和黨內是右派憎惡的預算保守派和社會自由派。此外，儘管有人質疑他的政治判斷力，但讓他出名的並非政治判斷。我將在下一章解釋，葛洛斯精密的投資哲學和獨到的眼光，才是讓華爾街肅然起敬、隨時傾聽他發表任何言論的原因。

第二章
總報酬投資

債券向來不是最吸引人的投資項目，而是被視爲最安全、保守、老太婆式、最沈悶無聊的投資，與高風險的避險基金和普通股相比，也難以令人興奮和注意。不過，葛洛斯在改變債券投資的形象上居功厥偉，雖然他發現要得到世人的認可並不容易。在廣闊的債券市場，他長期以來的成就直到最近幾年才獲得眾人的注意。

過去常被拿來與巴菲特相提並論的人是彼得・林區，他是富達麥哲倫基金的操盤人，在一九七七年到一九九〇年間創下令人嘆爲觀止的二、五〇〇%報酬率（林區甚至還不是該基金歷來最優秀的經理人，富達創辦人強森三世〔Edward C. Johnson III〕在一九六三年到一九七二年有更好的操盤成績）。一九九七年，葛洛斯出版他第一本也是他唯一的一本書《道聽途說的投資術》（*Everything You've Heard About Investing is Wrong!*）時，他的出版商藍登書屋覺得有必要在封面上給他一個封號：「債券界的彼得・林區」。

葛洛斯的書出版不到兩年（後來又由John Wiley父子公司以《葛洛斯投資學》〔*Bill Gross on Investing*〕的書名再版），《巴隆周刊》（*Barron's*）以葛洛斯持續的優越績效，公開讚揚他是「債券王爵」（Baron of Bonds）。愈來愈多財經新聞記者邀請葛洛斯解說債券、固定收益市場，和對固定收益影響最大的聯準會。他變得如此搶手——而且毫不害羞地坦承他樂於接受訪問，和擁有這麼高的知名度——PIMCO特地為他在總部設立一間電視製作室（現在當他出現在CNBC時，就是坐在這間製作室，和電視台隔著整個美國大陸。他會打上領帶、穿上西裝，攝影機旁還有一個小化妝箱。平常工作時，他不打領帶，也不穿西裝——當然也從不撲粉底）。他的合夥人認為成本太高，但葛洛斯省下在帕沙第納（Pasadena）租製作室的麻煩，何況葛洛斯的時間就是公司的獲利，包括合夥人能分到的獲利。

在二〇〇〇年，共同基金分析業者晨星公司（Morningstar）評選葛洛斯為「年度固定收益經理人」，那是他第二次得到這項殊榮，也是唯一二度贏得這個榮譽的債券經理人。在宣布評選結果時，晨星特別提到葛洛斯買進公債的決定，而那一年因為政府有財政盈餘，宣布了買回公債以減少市場流通的計畫，使得公債價格大幅攀升。晨星說，在二〇〇〇年的美國債券經理人中，葛洛斯敏捷的腳步「無人能及」，包括他大舉買進抵押貸款債券，和削減正展開三年跌勢的公司債。

晨星稱許葛洛斯管理的PIMCO總報酬基金，是他擔任投資長時兼任的職務。PIMCO總報酬基金是美國最大的積極管理型債券共同基金，資產有七百二十二億美元，一九八七年成立迄今，在同類基金中績效排名第一。晨星統計到二〇〇三年七月三十一日爲止的十五年間，該基金績效輕鬆超越對手，領先債券市場的標竿雷曼兄弟總體債券指數〇．八八個百分點。

如果計算葛洛斯開始管理大眾基金之前十四年的紀錄，績效還更高：年報酬率爲一〇．一一%，比他的標竿整整高一個百分點。

在一九九〇年代的空頭市場，最熱門和最大的基金先鋒五〇〇指數基金跌至谷底，二〇〇〇年淨值減少超過九%，隔年減少一二%，二〇〇二年更一舉挫跌逾二

表2.1 葛洛斯與競爭對手

基金名稱	1988至2003年的年報酬率（%）
PIMCO總報酬	9.23
先鋒總債券指數	8.05
富達中期債券	7.55
雷曼兄弟總體債券	8.35

註：迄2003年7月31日的15年期，資產超過10億美元的基金選樣。
資料來源：晨星公司。

二％。購買全國最大、成長最快公司的債券，從萬無一失變成一敗塗地。突然間有一位優秀的投資人並不只是追隨市場標竿，而是超越它，確實令人刮目相看。財星雜誌給葛洛斯的封號提升爲「債券天王」（Bond King）。

現在葛洛斯已經晉升大聯盟，至少大眾的認知是如此，而對他的同儕而言，他在大聯盟已經二十幾年了。當財星二○○三年評選「企業界二十五大最具影響力人物」時，其中只有兩位是專業投資人：排名第十的葛洛斯，和排名第一的巴菲特。

如此傑出的績效——大幅超越市場平均水準○．五到一個百分點——一直是PIMCO宣稱想達成的目標。葛洛斯的投資哲學是，利用多樣的策略以累積許多小幅的報酬率，而非大膽冒高風險。以他經常在言論中不經意提到的譬喻來說（**善用譬喻是新聞界和其他門外漢很容易了解他的原因之一**），他形容自己的做法是寧可經常打一壘打和二壘打，不必老是想著全壘打。

在打棒球時，全壘打選手通常必須經常上場打擊，而在二○○○年，連連擊出漂亮全壘打的股票市場展開三年的下跌，最後讓高聳入雲的那斯達克股市（Nasdaq）跌掉七○％。雖然PIMCO總報酬基金的個位數報酬率在一九九九年顯得十分寒酸，但隨著科技類股墜入深淵，PIMCO總報酬基金很快就光芒四射。這檔基金二○○

○年增值八・五％，相較於科技基金下跌三一・七％；二○○一年ＰＩＭＣＯ總報酬基金上漲七・五四％，科技基金加速下跌至三六・三％。二○○二年它爲股東增加八・七七％的資產，科技基金再度創下令人吃驚的四二・七％跌幅。

葛洛斯和巴菲特曾有一段故事，雖然一點也不轟轟烈烈。當時葛洛斯還在創業早期，他開玩笑說：「巴菲特來找我，向我借錢。」事實上，巴菲特和他的合夥人曼格（Charley Munger）來到太平洋共同人壽保險公司，想貸款一、○○○萬美元，葛洛斯還只是位資深信用分析師。那時是一九七○年代初期，波克夏還籍籍無名。「當時波克夏只擁有時思糖果（Sees Candy）和S&H綠印（S&H Green Stamps），及西北部一些荒廢的工業區。」葛洛斯回憶說。巴菲特想安排私募配售交易，以便收購一家叫政府雇員保險公司（Government Employees Insurance Company, GEICO）的小型保險公司。葛洛斯是分析波克夏財務的團隊之一，他向公司推薦接受這筆交易，獲得採納。葛洛斯說：「以後我再也沒見過他。」當然，巴菲特因爲採取以保險公司資金支應投資所需的策略，對外舉債也愈來愈少。

之後，葛洛斯與巴菲特經常書信往返，當然他們對彼此的認識和大眾一樣，是透過彼此的作爲和文章。兩人互相欣賞，他們都根據證券的根本價值作投資決策，而且投資的模式都建立在某個可以提高成功機率的結構。對巴菲特來說，這個結構就是保險公司：保險公司創造的現金流量能讓他自由地投資他看上的對象，不必向任何人報告，例如，每季提出盈餘目標分析。對葛洛斯來說，結構的意義大不相同（**而且無法免除每季的報表，因爲葛洛斯必須向基金投資人報告，而巴菲特只對自己負責**）。PIMCO的結構式投資組合概念，跟它的投資模型與成功密不可分，我們將在本書後面章節詳細討論。但對兩個人來說，他們都致力於擬訂能增加勝算機率的投資計畫。

當然，他們投資在不同的市場：巴菲特主要投資股票，葛洛斯則全部投資於固定收益。他們的方法也十分不同，葛洛斯對「長期」的定義是幾年，巴菲特則是幾十年。葛洛斯交易頻繁，巴菲特進出較少。葛洛斯採取金融市場所謂的「由大而小」（top down）方式，即根據產業與部門的整體研究來作投資決策，而非從個別公司著手。巴菲特則是「由小而大」（bottom up）式投資人，只管選擇個別證券，幾乎不考慮產業因素。他從水門事件發生前，就已持有《華盛頓郵報》股權；它的主要對手《紐約時報》、《華爾街日報》的出版商道瓊斯通訊社，股價都欲振乏力。但葛洛斯和巴菲特同樣熱愛基本價值，使他們能夠溝通無礙。當PIMCO私下發行葛洛斯的

《投資展望》選輯時，巴菲特寫道：「我每個月都期待葛洛斯的評論。他的文筆生動，邏輯無懈可擊，見解更是彌足珍貴。我很慶幸看到他的觀點選集成冊，讓我隨時都可以參考。」

儘管葛洛斯與全球最著名的股票投資人溝通無礙，他和同行的第二把交椅、現在已退休的林區卻不怎麼契合。葛洛斯形容自己「極度好強」，他無法接受同行中有人觀點跟他不同，例如，一九九〇年突然宣布退休的林區。林區曾說，他退休是爲了給家人和慈善活動更多時間，這兩項正好也是葛洛斯的最愛。不過葛洛斯不會退休，除非他沒有力氣坐上交易廳的座椅。在二〇〇二年，葛洛斯形容林區提早退休是「膽小鬼」，至今仍不改他的想法。

然而，葛洛斯和林區以及巴菲特都有一個共通的看法，就是對效率市場理論的懷疑。廣義來看，這套理論主張公開市場的資訊很容易取得，也很快會有反應，因此大公司的證券價格會經常反映它們眞正的價值。它造成的效應是，每一個投資人都是套利者，準備隨時搶進或搶出任何被市場定價錯誤的股票或債券，進而使價格很快回到適宜的水準（爲了方便討論，我們必須忽略安隆〔Enron〕、MCI世界通訊〔MCI WorldCom〕和英克隆〔ImClone〕等公司的情況）。效率市場順理成章的結果就是追隨指數（indexing），通常是不加管理地選擇持有一群能代表市場的證券——如標準普爾（S&P）五〇〇指數是美國股市大型股的代表——就能創造高於持有特定證券的積極管理型投資組合的總報酬。經理人會犯錯，指數不會；經理人成本高，指數成本低廉。拜效率市場理論之賜，管理退休基金的顧問吸引了眾多的信徒，先鋒集團（Vanguard Group）躍居美國第二大綜合基金公司（僅次於富達），主要是歸功於管理指數型基金。次元基金顧問公司（Dimensional Fund Advisors）——它最著名的業外投資人是阿諾史瓦辛格——則只管理指數型基金，但這家公司創造自己專屬的市場標竿，以取代一般的指數。一九九〇年代，先鋒五〇〇指數領先八〇％投資同類股票的共同基金。在我擔任金融作家的生涯中，我有機會訪問四位諾貝爾經濟學獎得主，我曾問過每一位的個人投資組合，而四個人都告訴我，他們的核心資產投資在先鋒指數基金。

在這種正統觀點下，卻有這些打敗市場的投資人：葛洛斯、巴菲特和林區。在《勝券在握》（*The Warren Buffett Way*，遠流出版中譯本）這本精采的巴菲特傳記中，作者兼基金經理人海格斯壯（Robert G. Hagstrom）指出，這位來自奧瑪哈（Omaha）傳奇投資人的偉大成就並未動搖效率市場理論家的信念。他們駁斥巴菲特（同樣的道理，也駁斥葛洛斯）的成功只是統計的機率巧合，罕見得不足取法。

統計能力不輸任何企管碩士的葛洛斯說，金融學教授被自己的無知誤導了，「這套理論有相當的道理，尤其是在今日資訊大量流通的市場，但它未把投資人的心理納入考慮。」他在《葛洛斯投資學》中寫道。市場的鐘擺從未明顯地從多頭擺到空頭，而是被投資人貪婪心理的投機力量推向極端——例如，一九九九年的網際網路股和二〇〇三年的公債——然後當恐懼心理壓倒一切時，市場隨之重挫。我們將在第四章解釋，葛洛斯心目中的投資英雄在掌握大方向上都極爲成功，因爲他們了解並能克服這種情緒。葛洛斯在自己的投資過程中，也花相當多精力在這上面。他建議大家效法這種方式，而且認爲應該要這麼做，否則用一句市場上最挖苦人的老話來說，註定會買高賣低。

※　※　※

即使是股票市場的生手也知道，市場獲利來自兩種形式：資本增值（當股價上揚，而你賣出獲利時）和股息（大多數公司支付給股東的盈餘）。兩者加起來就是股票的總報酬（註1）。但有數十年之久，許多投資人不知道債券也以兩種形式帶來收益。和股票一樣，一檔個別債券的總報酬來自資本增值（**或貶值**）和利息。

今日看來可能很奇怪，但當葛洛斯在一九七一年入行時，典型的專業債券投資人（**如銀行信託部職員**）只把債券報酬視爲孤兒寡婦賺利息錢的方式。債券發行時以平價（at par）賣出，也就是百分之百的面額，由投資人持有直到期滿，通常是十年或三十年。債券的旁邊附加利息單（coupons），每六個月剪下一張寄給發行者，以交換半年一次的利息支付。債券到期後，再歸還給投資人百分之百的本金。銀行信託部門充斥大學兄弟會的哥兒們，並以智商做爲嚴格的進入障礙。直到一九八〇年代，傳說中的玻璃天花板還阻斷女性投資組合經理人進入固定收益圈，因爲樓上那些老傢伙認爲，這麼做不會有任何損失（**而且也沒有人能創造多少盈餘**）。

二〇〇三年七月，十年期公債殖利率在六週內激漲四〇%，從三．一一%上揚到四．四一%，許多人看到債券投資組合大幅縮水時才發現，債券價格（**與殖利率呈反向波動，第五章將詳加解說**）並不固定，而是每一分鐘都在變動。通常這種變動幅度很小，但是長期來看，債券價格的移動有如西洋棋，對事件與事件的預期心理作出反應，而且這種反應愈來愈全球化。二〇〇三年夏季，公債市場正要戳破同一年稍早形成的泡沫，而泡沫的來源則是投資人錯誤解讀經濟復甦與聯準會貨幣政策的訊息。積極型總報酬投資人如PIMCO，在泡沫形成時已經開始賣出公債（雖然他們後悔沒賣更多），以及對利率敏感的抵押貸款債權擔保移轉債券（mortgage pass-through）。

債券投資人可以利用幾個方法，來積極管理一個固定收益證券的投資組合（本書後面的章節將作更多討論）。這些方法是：分散、隨著事件的改變而管理到期日，以及在不同類型的債券間作轉換，如公債、抵押貸款債券、公司債和國際債券。不過，管理決策的靈感必須有來源，而PIMCO的葛洛斯則把靈感來源納入公司經營策略。靈感有兩種形式：長期的（secular），和周期的（cyclical）。

前者是以最不違抗長期基本經濟、社會與地緣政治趨勢的方式，建立核心投資組合。對葛洛斯來說，「長期」意味三到五年，任何更長時間的預測都會減低信心度。（如果你不同意，不妨再讀一遍歐威爾〔George Orwell〕的《一九八四》〔*1984*〕，或看庫柏力克〔Stanley Kubrick〕的《二〇〇一太空漫遊》〔*2001: A Space Odyssey*〕。在電影中，庫柏力克的太空船由泛美〔Pan Am〕營運，這家公司的名稱在電影預告的太空

1 許多股票散户投資人著重稅負問題，因而強調「稅後總報酬」勝於「稅前總報酬」。

之旅日期時，已在地球上消失幾十年）。

葛洛斯與他的團隊把長期趨勢的分析稱作長期分析，他們蒐集專家的意見，以協助尋找趨勢，並預測未來幾年可能發生的情況；這些趨勢可能像浪潮般席捲世界經濟，轉變體系的運作，在相當長的期間影響所有人和事。例如，當今人口統計學上最顯著的改變之一，是美國人口的老化——歐洲大陸人口平均年齡上升速度甚至比美國快。葛洛斯利用這個趨勢，增加持有醫療與藥品業公司的債券。他不像選股老手那樣挑選股票、尋找成長股或未來的需求，而是辨識可降低債券發行人信用風險的因素。在他的鷹眼下，「美國人口老化」代表投資一家大型醫院連鎖公司發行的債券，比投資全國性玩具製造商的債券安全些。

葛洛斯以他所稱的「循環」趨勢，來平衡長期趨勢的分析。循環趨勢對市場的影響較為短期，PIMCO每季提出正式的研究報告，每天也有非正式報告，內容包括聯邦資金利率（由聯邦準備理事會規定）的改變、新躉售物價指數的影響、中東情勢導致市場氣氛樂觀或悲觀等等——換言之，每一分鐘的世界脈動與波浪，均影響信用市場和股票市場。葛洛斯在二〇〇〇年成功轉進公債時，他預期的股票價格已經過度高估，經濟即將由盛而衰，他的操作是短期或循環性的，目的是從這個一年左右就會過去的現象獲利。他對二〇〇三年升息的反應也是針對事件的操作，而非出自長期觀點。即使當葛洛斯和ＰＩＭＣＯ爲短期的循環因素大量拋售抵押貸款債券時，他們仍以長期觀點持有許多抵押貸款債券。

同樣地，他們的理由仍然是嬰兒潮世代老化的趨勢：如果未來幾年因爲較少人取代人數眾多的嬰兒潮世代，住宅抵押貸款的金額將隨之降低，抵押貸款債券價格可能上漲。讀者可能不容易了解其中的關係，尤其是對股票投資人來說。美國聯邦貸款金融公司（Fannie Mae）和美國聯邦住屋貸款抵押公司（Freddie Mac）都是公開上市公司，股票在紐約證券交易所（ＮＹＳＥ）掛牌交易，這些公司的股價在抵押貸款需求減弱時，會遭到重創。這些公司由國會立法創立，目的是支撐住宅抵押貸款市場，增加抵押貸款的供給以降低價格，並把住宅貸款包裹成證券，賣給類似ＰＩＭＣＯ的業者。如果抵押貸款金額減少，這些公司的營收和盈餘也會減少；如果華爾街聽到抵押貸款需求衰退，業務萎縮和手續費減少，將迫使市場壓低其股價。

債券持有人則採取不同的觀點，因爲他們未持有發行公司的股權。股票有無限上漲的空間（股價可能漲爲兩倍、四倍，甚至像林區的持股增值二、五〇〇％），而債券唯一的上漲空間用ＰＩＭＣＯ的ＦＥＤ觀察家麥克里的話來說，「是把你的錢拿回來」。把錢拿回來的能力不受業務萎縮或擴張的影響，除非那家公司看起來可能倒閉，而債券持有人因而面對違約（default）風險。我們可以假設美國聯邦貸款金融公司和美國聯邦住屋貸款抵押公司不會帶給投資人信用風險，抵押貸款需求降低不會危及他們的鍍金級的債信評等，因爲他們的資產明訂有美國政府作擔保。

不過，抵押貸款需求轉弱意味美國聯邦貸款金融公司和美國聯邦住屋貸款抵押公司發行的債券減少，他們的抵押貸款債券會自動變得比以前稀少。由於債券價格和其他東西一樣會隨著供需反應，新抵押貸款債券減少，會推升老債券價格上漲。

目前抵押貸款債券殖利率比同樣到期日的公債高約兩個百分點，但從各方面看，它們幾乎一樣安全。債券投資人稱這種溢價（premium）爲利差，就像金融市場提供的免費利潤（註2）。它反映一個事實，在我們的目前的經濟中，我們仍處在一波房地產市場的大多頭，而抵押貸款債權擔保移轉債券供應如此充裕，市場規模達到六兆美元。如果這類債券變稀少，以前發行的債券價格將上漲，新發行債券的殖利率就會下跌：美國聯邦貸款金融公司和美國聯邦住屋貸款抵押公司會更容易出售他們的新債券，而他們也不必付出如此高的利差給購買人。不過，他們支付高利息的舊債券價格會因此上漲。PIMCO不持有今日價格爲一〇〇的債券，寧可持有明年價格一〇

二、後年價格一〇四的債券。

從這裡可以得到兩個教訓，第一，股票投資人和債券投資人的觀點可能南轅北轍，前者喜愛大好的經濟，因爲那代表更高的企業獲利。後者喜歡經濟疲軟；聯邦準備理事會終究會提高利率以抑制經濟過熱，導致債券價格下跌。但是，債券持有人不見得會在意經濟下滑，因爲經濟下滑會讓他們現在持有的債券更有價值。他們擔心信用風險，但沒有股票持有人那麼擔心：普通股在破產時通常一文不值。不過，債券仍保有價值，有時在重整的公司反而被轉換成更有價值的股票。以漫畫書的術語來說，股票投資就像艾伯納（Li'l Abner），永遠陽光而樂觀；債券投資人則像畢福史柏克（Joe Btfsplk），頭頂上始終頂著一片飄雨的烏雲。前者希望賺大錢，後者擔心他們的錢拿不回來。

※　※　※

2 抵押貸款債券的利差，是投資人要求彌補其負凸性（negative convexity）之溢價；也就是說，基於對提前還款風險的影響，它們對利率變化的不正常反應。在有利的市場，這種風險較低，但利率上揚時，風險會大幅升高，因爲提前還款會減少，還本期間會拉長，進而侵蝕利差。

那麼，葛洛斯策略的基本元素是什麼？他和PIMCO稱之為總報酬投資的基本建構是什麼？要回答這個問題，我發現最好的方式是，問債券天王他自認自己的職業生涯中所得到最重要的教訓為何。

聽葛洛斯說二十一點樸克牌桌上的經驗，就是他專業投資的基本訓練，這對在投資界工作的讀者可能太不尋常。把錢放在金融市場不是「賭博」的信念根深柢固，可能是整個投資界賴以發展和合理化的基礎。金融業鉅子摩根（Pierpont Morgan）有一次放棄一樁好賺的交易，因為提出交易的人形容它是賭博，讓這位偉大的投資家深感受辱。雖然葛洛斯相信賭博和投資有共通的特質算得上異端邪說，但我們不能否認，他的天才始於看出信用市場和四后賭場（Four Queens）賭桌間的共通處。說他把投資比喻成賭博，並不表示他和一般賭徒有任何相似之處：愚蠢、毫無紀律、賭運氣。它們的共通處在於職業賭徒的方法、他們（和世界頂尖數學家一樣）應用的機率理論——而非狡詐的性格、菸臭味，或是傾家蕩產、孤注一擲的沈迷與不可自拔。

在樸克牌上，葛洛斯發現評估未來事件的機率（也就是投資人常說的「風險」）：他把牌局區分成兩種模式，呼應他現在稱作長期與循環性的分析。他在四后賭場的循環性分析看起來很基本：莊家發的下一張牌會是什麼？

從某個角度看，二十一點樸克牌就是他對這個問題的答案。如果你拿到十五點的牌，並認爲下一張牌可能是六點或更低，你就會補牌。不過，如果你有理由相信下一張牌可能是七點或更高，就不會補牌（你也會考慮莊家翻出的牌點，分析莊家補的下一張會是好牌或壞牌）。實際發出的牌是對循環性的挑戰；它們可能違背機率。同樣的，投資人無法預先得知商務部下一次發布的耐久財訂單報告會是如何、什麼時候會再發生恐怖攻擊，或朝鮮半島何時會再發生破壞穩定的緊張事件。不過，最優秀的投資人和賭場玩家會嘗試培養能力，以預測一部分可能發生在他們身上的循環性挑戰。如果你像葛洛斯一樣，嘗試培養預測下一張牌可能是高點或低點的能力，你就能成功。你可能經常出錯，但若是對的次數加起來多於平均，你就是贏家。

在四后賭場的賭桌，留在鞋盒裡未發的牌是長期機率（相較於短期機率），代表長期的挑戰。早在這些牌發出前很久，機靈的玩家就能預測會出什麼牌，或至少可能是低點或高點的牌，並作出補牌或不補牌的決定。雖然偶爾循環性的變化會發生，而且市場會快速反應——常常造成情勢完全改觀的短暫感覺——但預測長期的未來最好還是根據美國和世界的長期趨勢。

投資人可以藉學習預測長期因素的演變，來大幅改善投資的靈敏度。這項技術是葛洛斯投資績效令人刮目相看的關鍵，而且對不具備美國電視靈媒克里歐小姐（Miss Cleo）能力的一般人來說，相較於研究每天變化無常、層出不窮、出乎所有人意料的循環性因素，學習預測長期因素反而容易些。

葛洛斯從他花在賭桌上幾個月的經驗，學到三個基本教訓。第一，賭徒學會分散風險。好牌、壞牌難以預料，即使是最優秀的二十一點玩家也會有牌運不佳的時候，他們必須有夠多的籌碼才能度過低潮。就投資來說，那些籌碼便是資本——如果資本耗盡，就玩完了。更重要的是第二個教訓：知道有哪些風險、加以量化，然後嘗試預測它們對牌局的影響。葛洛斯在應用數牌系統評估補牌會出現人頭牌、愛司和平手時，便用上這個教訓。第三個看似違背風險規則的教訓是，當機率對玩家有利時，最好是押大注。

葛洛斯認爲，他的第一個教訓分散風險，是來自他決定繼續賭下去，所以絕不要賭太大，以致於資本消耗太快。他在拉斯維加斯發現，賭桌上不可避免會出現沈悶期，沒有明顯的模式出現，只有不時加大賭注才會分出勝負。在佛利蒙（Fremont）和四后的賭場裡，他開始採用一套試探新莊家或新牌的方法，先押同樣金額的小注，然後耐心等待機率的發展。當機率不利於他時，他下注兩美元，接受虧損，把它當成做生意的成本。但機率有利時，他就下大注，而如果他贏的機率高過莊家的機率時，就押更大的注。不過，即使他輸了大注，他會繼續留在牌局，恢復兩美元的賭注。

身爲資產經理人，今日的葛洛斯看待自己的方式就像PIMCO公司對自己的描述：一位「適合各種季節的投資人」，不管市場上漲或下跌都會投入其中，從不退場。以市場術語來說，這叫抱現金（going to cash）或時機交易（market timing），是一種只有少數投資人精通的技術。葛洛斯在固定收益投資圈少數幾個對手之一，是洛杉磯第一太平洋顧問公司（First Pacific Advisors）的羅德里奎茲（Robert Rodriquez），他只管理中期、投資級債券基金（FPA新收益基金），在過去二十年從未出現虧損。當羅德里奎茲覺得沒有更吸引人的選擇時，他會讓投資組合的現金保持在三分之一的水準。不過，葛洛斯承認他缺乏這種判斷力。

在正確的條件下大注是賭博輸贏的關鍵，但這種作法暗埋失敗的種子。連續幾把壞牌可能在很短的時間內吃掉賭徒的所有賭本。專業賭徒必須保護他的資金。葛洛斯從只有二〇〇美元開始，下一次注等於他總資產的一％。他父母料想他會鎩羽而歸，畢竟沒有經驗的賭徒很容易贏了幾塊錢之後，因爲太興奮而在手氣變壞時把所有的資本輸光。隨著葛洛斯的資金增加，他也預留更多準備金；他遵守「賭徒破產」（gamblers ruin）原則，永遠保留最高賭注五十倍的錢。在PIMCO，風險管理是最高原則之一；公司有成群的電腦高手，唯一的工作就是風險管理。葛洛斯也藉徹底分散投資組合到不同類型的固定收益證券來管理風險，從美國公債、公司債，到垃圾債券、可轉換公司債，和各種衍生性金融商品。他再藉由分散資產到廣泛的發行者，進一步降低個別發行者的風險。

不過，儘管嚴守紀律，葛洛斯相信在機率有利的時候要下大注。「你眞的喜歡一檔特定的股票嗎？」他在自己寫的書上說：「把約一〇%的投資組合押在它上面，把點子付諸行動。你對新興市場債券有信心嗎？同樣的，好點子不應該分散到不相干的東西。如果你的投資組合有五十檔股票，那就太多了。如果你有十檔共同基金，也太分散了。」他實踐自己所宣揚的方法：投入大筆的資金，有時候多達旗下投資人資產的五分之一。在一九九六年，他把二〇%的資產投資在表現超越國內債券的外國債券，同時也從加重抵押貸款債券的比率獲利。一九九八年，當俄羅斯未能履行外債，掀起全球證券市場的風暴時，葛洛斯的投資組合已早一步轉進美國公債，因而在投資人紛紛「奔向高品質」中大有斬獲。到二〇〇〇年，葛洛斯大砍持有的公司債時，股票市場的大空頭和企業獲利暴跌才正要開始；他也在美國政府開始買回公債以消化預算盈餘前，就開始搶進公債。二〇〇一年年中，聯準會六度降低利率之後，市場認爲已不太可能再降，但葛洛斯逆向操作，並在後續五次共二個百分點的連續降息中賺進大把鈔票。晨星的分析師因此寫道：「他藉押注利率走勢來增加價值的能力，確實令人刮目相看。」

當然，他的押注不是每次都成功。例如，同樣在一九九六年，葛洛斯看好利率會下跌而買進公債，結果浪費了一部分從外國債券和抵押貸款債券賺的錢。在一九九九年，他的基金報酬率跌到負〇・二八%（其他基金大約持平或小幅獲利），也是因爲葛洛斯延長投資組合的平均到期日（average maturity），但聯邦準備理事會非但沒有像前一年那樣降低利率，反而開始升息。

葛洛斯在債券投資上的對手大多討厭下大注，原因正是有判斷錯誤的風險。但大多數對手也缺乏葛洛斯在二十幾歲時磨鍊得來的優勢。他說，在賭博和投資上，「需要的直覺是相同的。我的賭博——其實我不認爲是賭博，我認爲是投資——需要各種資產管理要求的品質。我必須知道能承受多少風險，因爲如果太冒險，幾次手氣不好就會在二十四小時內讓我輸光回去見爸媽。」今日PIMCO的避險還不到會影響投資組合績效的程度，但已經相當充足。

傳說中的葛洛斯從不害怕買進大量賺錢機率高的證券。在二〇〇一年秋季，PIMCO買進四五〇億美元的抵押貸款債券。PIMCO觀察抵押貸款的分析師西蒙（Scott Simon）說：「它們比過去都便宜。」當時再融資正開始激增，引起市場的注意：住宅貸款提前還款就像公司債贖回，會在最惡劣的時機縮短貸款的實際還本期間，因而會在利率下跌時落井下石。這表示投資人在最不需要錢的時候，必須把錢拿回來。債券的價格處於低檔，因為其他投資人紛紛拋售，使殖利率攀升到比同級美國公債高二〇〇個基點，即兩個百分點。西蒙說，在後續的四個月，當再融資熱潮並未對市場造成擔心的效應後，抵押貸款債券價格開始上漲，「創下歷來最大的漲幅。他們在高二〇〇個基點時不買，但在一四〇個基點卻搶著要。」他們向PIMCO買；PIMCO則獲利了結，賣出四五〇億美元的債券，從中賺進二%，高於PIMCO持有這些債券時的利息。「抵押貸款債券走勢就像那斯達克，」西蒙解釋說：「當它們上漲時，人人搶著要；當下跌時，大家跟著賣。」

葛洛斯以當時PIMCO管理資產的近五分之一下賭注，使他成為債券投資界的奇葩。根據晨星的資料，類似PIMCO總報酬基金的債券基金，平均持有二九五檔債券，這表示平均的部位配置只有一%，而非二〇%。然而當時抵押貸款債券的殖利率對葛洛斯透露的訊息是，機率對他十分有利，而且他的判斷正確。

儘管他願意下大注，葛洛斯對保留資本的注重——PIMCO總報酬基金從創立以來只虧損過兩年，其中一年是微幅的負〇・二八%，一年則重挫三・五八%——使他幾近偏執地嚴格控制投資組合的風險。這做起來遠比說的難。債券並不像外表看來是彼此獨立的證券，而是許多選擇權的組合，各自有其風險和報酬。以抵押貸款債券爲例，提前還款的風險極高：在二〇〇三年夏季，當長期利率突然大幅回升時，雷曼兄弟總體債券指數中的抵押貸款債券平均還本期間（duration）增加爲三倍，達到三年。還本期間類似於到期日（maturity），但它是經過精確的數學計算以衡量到期日風險的數值，長期債券風險高於短期，因爲出差錯的時間較長。

PIMCO早期最明智的決定之一，就是招攬選擇權專家迪亞里納士（Chris Dialynas）加入，他的導師是二十年後贏得諾貝爾經濟學獎的休茲（Myron Scholes）。迪亞里納士一九八〇年從芝加哥大學商學院畢業後，有三十個工作等著他，只有一個提供的薪資條件比PIMCO低。但他對PIMCO提供的龐大網絡很滿意，後來果然成爲葛洛斯最信賴的合夥人之一。他接受工作後的第一個任務是，分析一位低於投資級債券推銷員的說詞；這位年輕、滔滔不絕的推銷員，就是來自藍伯特公司（Drexel

Burnham Lambert）的密爾肯（Michael Milken）。密爾肯後來在一九八〇年代掀起所謂垃圾債券市場的革命，最後落得入獄的下場，並讓他的公司遭到破產監管的命運。不過在密爾肯拜訪PIMCO時，是他正崛起成爲閃耀明星的時候。迪亞里納士不欣賞密爾肯提供的數字，並建議PIMCO放棄，而公司也接受他的建議。

風險控制是整套程序或方法的一環，目的在協助葛洛斯控制他稱之爲投資的「危險毒品」——情緒。情緒是華爾街最泛濫的東西之一，龐大的財富引來的貪婪會讓麥得斯國王（King Midas）感到羞愧，而害怕失去財富的恐懼還更強烈。沒有人能免於情緒。葛洛斯的偶像李佛摩（Jesse Livermore）破產八次，雖然他用盡方法控制他的情緒。葛洛斯本人也無法倖免，他記得在一九八七年十月看到債券和股票同時崩盤時，他全身僵硬有如強光照射下的鹿；要不是他和大家一樣被恐懼攫住，很可能可以從後續的債券大漲狠賺一票。

不過，葛洛斯知道自己的極限，所以他的投資程序包括多樣的工具，目的在盡可能把情緒排除在決策之外。情緒永遠不可能完全排除。PIMCO的基瑟爾記得二〇〇二年同樣是十月，股市和債市也雙雙下跌到可能是空頭市場的最低點（**只有時間能證明跌勢會不會持續**）。相對於無風險的公債，「所有公司的債券殖利率差都擴大到歷史水準」，基爾瑟回憶說。他的投資組合有一半兵敗如山倒。「每天都像有一把步槍頂著你的頭。」他說。

不過，基瑟爾因為PIMCO根據長期分析建立的投資流程，而免於恐慌性的拋售。十月的低點是原本期待經濟復甦的投資人終於宣告撤守，因為根據官方的標準，從二〇〇一年三月開始的衰退還在進行中，失業率持續上升。雖然公司的長期判斷是，經濟擴張的年代已隨二十世紀結束而終止，但這家公司卻採取相反的循環性觀點，認為成長會很遲緩，但不會停止。

實際情況是，國內生產毛額（GDP）成長仍然是正的，雖然力道很弱。當基瑟爾面對葛洛斯和其他PIMCO投資委員會成員的詰問時，他必須為選擇的各項投資作辯護，而不能只說高品質公司債是較好投資的這個大前提，因為公司管理階層和葛洛斯都同意他的分析，認定情況變化只是暫時的波動。最後，PIMCO的投資組合安度風暴，證明那確實是一時的波瀾。基瑟爾的績效因為後續的債券大漲而獲益。在次年夏季，國家經濟研究局（National Bureau of Eoonomic Researah, NBER）終於宣布衰退結束，並把復甦起始日期回溯到二〇〇一年十一月——距衰退開始只有八個月。長期分析程序提供了基瑟爾和PIMCO判斷的基礎，證明那年十月的表象是會騙人的。

本書花許多篇幅討論葛洛斯善於長期分析傾向，理由是它的重要性。這是葛洛斯殫精竭慮獲致的成果，但卻不難了解。由政府機構發布的人口統計趨勢是這種分析的重要成分，其中最重要的是來自美國人口普查局（Bureau of the Census）和聯合國秘書處經濟社會事務部人口處的報告。這些趨勢引發當代許多備受關注的議題，例如，老化的嬰兒潮世代要求退休享有免費處方藥，但六十五歲以上的美國人口在未來二十五年預料將增加五八%，相當於每五個人就佔一個，遠高於現在的每八個人佔一個。歐洲強大的工會紛紛以罷工對抗政府加強管制老年人的年金福利，但人口老化的趨勢在歐洲卻比任何時期更明顯。在德國，有一六%的老年人口（相較於美國的一二%），預料到二〇三〇年還會激增到二六%。在日本預測的數字還更令人憂心：將達到人口的三〇%，幾乎比今日的一七%增加近一倍。

根據大多數專家的估計，老年人的可支配所得遠比年輕人少——少約四〇%。在消費者支出佔國內生產毛額三分之二的國家，五分之一的退休人口少花的四〇%支出，將從經濟成長中扣除，其影響擴散有如池塘中的漣漪。社會安全負擔將上升，推升國民的稅負。稅的負擔將落在較少的人身上，可投資資金的總數也將隨之萎縮，因爲退休者是「不儲蓄者」（dis-saver），靠提領他們的存款過生活。這些在已開發國家都是事實，但在較低度開發的世界，相反的趨勢正在發生，人口不斷成長和年輕化。當葛洛斯建議投資新興市場時，他是看出這些無法抵擋的力量：長期趨勢。

同樣的，通貨膨脹和它邪惡的孿生兄弟通貨緊縮（deflation），也在全球各地鬥爭。二〇〇三年公債市場泡沫破滅部分原因是，聯邦準備理事會決定放棄三十年來對抗通貨膨脹的方法，轉而對付另一股相反的勢力；央行支持通貨膨脹看似很矛盾，但這是今日美國政府運作的立場，而且並非毫無道理可言。中國和印度正以無數的貨櫃，出口通貨緊縮到已開發世界，他們甚至用電話來出口：印度現在是全球電話服務中心，八〇〇免費電話服務人員的薪資遠低於美國的水準，他們都接受口語化的美式英語訓練，甚至知道服務地區的地方運動比賽成績。通貨緊縮一直是PIMCO重大的長期分析主題，但情勢正在演變，聯邦準備理事會支持通貨膨脹的立場正挑戰PIMCO的強調通貨緊縮。

葛洛斯極度強調長期趨勢，以及他預測循環性變化的能力，是造就他成爲債券天王的原因。在本書後面的章節，我將告訴你如何仿效債券天王敏銳的眼光。但先讓我們深入探討影響葛洛斯信念的人，也就是他在金融市場的導師。有三位大師的文章改變了葛洛斯的看法，塑造他對市場的眞知卓見；我尊稱爲「三博士」（Three Magi），以表彰他們在啓發葛洛斯功成名就中所扮演的角色。

第三章 三博士的禮物

走進葛洛斯的海灘辦公室，第一個印象是他辦公桌後面的三幅肖像畫。每天他在這間辦公室沈思世界經濟大勢，然後對PIMCO長期分析會議的專家提出建議和看法。他根據彭博螢幕不斷變化的數字，在刹那間運用他的眞知灼見作判斷。不過，葛洛斯瞬間判斷美國國內生產毛額或東南亞經濟大勢的基礎，是一套深刻、嚴肅的哲學，而他辦公室牆上這些黑白照片就是其縮影。他們是葛洛斯的投資偶像、意志和決心的泉源，也是助他有今日成就的三個人。這三幅肖像俯視葛洛斯削瘦強壯的身軀，彷彿帶著讚許的表情。他們像聖經中的東方三博士，各自對葛洛斯的投資理念作出貢獻，且每一個投資人都可從他們身上學到寶貴的投資秘訣。

葛洛斯的英雄有幾個共通點，這三個人都生於十九世紀，其中摩根（J. Pierpont Morgan）仍留在大眾的印象中，但另兩人鮮爲人知：巴魯克（Bernard Baruch）和李佛摩。巴魯克雖然在股票市場建立龐大的財富，但大半生擔任公職，而且主要還是因爲他沒說過的話而留在世人記憶中：「當街頭濺血時就是買進的時機。」（說這句話的人是羅思柴爾德〔Rothschild〕，指的是巴黎街頭）。李佛摩則是戴蒙・盧揚（Damon Runyon）筆下躍出的角色，一九二〇年代一位聰明過人的股市投機客，擺在電影《紅男綠女》（*Guys and Dolls*）中一點也不突兀，而且還可能會和女主角來上一段羅曼史。

這些人都是投資大師，有著一流的頭腦和不可一世的自信。他們極力擺脫情緒對思考的干擾，鍛鍊對抗一時衝動的意志，學習駕馭這種支配短期市場的因素。他們也都從策略的角度看待投資，儘管他們能夠靈敏地把握眼前的機會，他們最大的成功卻來自長期的學習和審慎的準備。

葛洛斯身上同時反映這三個人的特質：摩根是企業帝國的開創者，巴魯克是運動家，李佛摩則乖張而富於幽默感。這三個人和葛洛斯一樣，都是數學天才，能比商界對手更快算計優勢。三個人都恪遵高道德標準。巴魯克比葛洛斯高幾吋，但體重相同。和葛洛斯一樣，他在十歲時從偏遠的鄉村搬到大城市，這次的遷徙對他一生產生不可磨滅的印象。葛洛斯堅持工作的環境保持墳場般的安靜，巴魯克和李佛摩則是愛熱鬧的賭徒，而摩根則以建立能傳諸後世的企業作爲最高使命：這三位博士顯然不只是葛洛斯的楷模——他們皆有著深刻的共通點。

葛洛斯記得在一九七〇年代初期剛加入ＰＩＭＣＯ時，有一天隨手拿起一本叫《股票作手回憶錄》的書。這本幾乎像小說的李佛摩傳記，作者是李佛瑞（Edwin Lefevre），是一九二〇年代的另一位股市作手兼作家。葛洛斯先是被書中主角李文斯頓（Larry Livingston）的率直所吸引，他毫不避諱地暢談自己身爲投資人的失敗經驗，完全不吝於分享他對人性的洞識與見解。葛洛斯在大學主修心理學，他一眼看出李佛摩是人類心理學的大師。「李佛摩倡導認識自己，」葛洛斯後來說：「在你了解市場前，必須先了解自己，以及自己的弱點與自大。」葛洛斯掛在牆上的李佛摩引句是：「在實務中，投資必須提防許多東西，尤其是自己。」

和巴魯克與喬瑟夫・甘迺迪（即甘迺迪總統的父親）一樣，李佛摩也被視爲一九二九年股市大崩盤的禍首。不同的是，李佛蒙後來未能洗刷這個污名。但正如李佛瑞書中的描述，他發跡的過程是今日許多華爾街領導人靈感的泉源，包括投資經理人齊威格（Martin Zweig）和費雪（Kenneth L. Fisher）。史密頓（Richard Smitten）在《李佛摩：世界最偉大的股市交易員》（*Jesse Livermore: World's Greatest Stock Trade*）一書中說：「毫無疑問的，那本回憶錄是有史以來最精采的金融書籍。」

李佛摩在一八七七年七月二十六日，生於麻州一個小村莊。父親希藍（Hiram）

是一個嚴厲、抑鬱的貧農，失去他的土地和兒子對他的愛。李佛摩的個性比較像母親蘿拉，是樂觀的個性。他小學就已展現數學天份，後來總是誇口自己一年內學會三年的數學課程。他的記憶力和心算能力很強，是日後他在金融界成功和博得相當名氣的重要原因。

不過，李佛摩十三歲時，父親要他休學，說教育對農民而言是浪費。但事實上，在田裡工作反而浪費李佛摩的天份。幾個月後，李佛摩的母親資助五美元協助他逃到波士頓，並在潘韋伯（Paine Webber）經紀商的辦公室，找到一份擦黑板的工作。李佛摩後來說，辦公室的經理很欣賞他的自信，而那也確實是他最重要的特質。

在那個年代，證券價格必須靠人力記錄在經紀商辦公室的綠色黑板上。除了細心謹慎外，李佛摩也很快掌控個別證券價格變化的模式。當時他不知道價格如何形成，而且終其一生扮演善於跟隨價格的作手，而非基本因素的分析師。他擅長解讀數字模式，當一天的工作結束後，他寫下留在黑板上的所有股票報價，並且每天比較他的紀錄，分析顯示的模式。結果他發現股價變動有一股動能，價格上漲時往往會繼續上漲，反之亦然。最後，他學到這種動能可以善加利用，並稱之為「朝抵抗力最小的路前進」。

李佛摩過著節儉的生活，像吝嗇鬼一樣儲存投資的本錢。他負擔不起一般經紀商的帳戶，也沒有成立合法公司所需的資產，甚至沒有錢買賣以一〇〇股爲單位、面值一〇〇美元的整張股票。不過，在當時，波士頓到處可見地下號子（bucket shop），由黑道經營僞裝成合法經紀商的賭場。它們容許投資人——在號子經營者和後來的李佛摩眼中，他們都是笨蛋——買賣零股，甚至單股，本金只要一〇%，號子墊款九〇%。在這種地下店頭市場，眞正的證券價格也隨時抄錄在黑板上，但號子並未實際交易股票，而是另以帳簿記錄交易。股票買家在價格下跌一〇%時就被斷頭，而地下號子時常拖延報價，以哄誘顧客作愚蠢的買賣，從中訛詐顧客。例如，一檔從九〇美元穩定攀升到一〇〇美元的股票，地下號子會慢慢提高報價，在九五美元暫時停住。有些投資人以爲股價會下跌，因此放空這檔股票。但是根據實際價格，他們的錢早被詐光了。「笨蛋賭股票總是輸錢，」李佛蒙在回憶錄中說：「他們以爲那些傢伙會正當地經營非法生意。當然不會。」

李佛蒙自己培養出交易第六感，而且終其一生展露此才能，雖然並非每次都爲他帶來好運。買佛羅里達的沼澤地讓他虧損數百萬美元，但是在地下號子他幾乎戰無不勝。在潘韋伯經紀商的辦公室工作數個月後，他變成全職的投機客。不久後，他存到

一、〇〇〇美元資金，並在波士頓各地下號子拒絕他進場前，贏得「少年豪賭客」的封號。

二十歲時，他前往曼哈頓，在休頓公司（E.F. Hutton）開了一個眞正的經紀商帳戶。他利用在地下號子培養出的技術耐心地交易，但是很快就出問題。在地下號子，他根據黑板上的價格買進賣出，都是最新的報價（通常都是），虧損一向控制在資本的一〇%以內。但是在經紀商的辦公室，眞正的成交價格往往與黑板上相差很大：職員以人工方式寫買賣單，並跑到街尾的交易所，把它們交給交易櫃台。這其中花的時間很長，讓李佛摩經常付出比預期買價高一〇%的價格，或在股價下跌時賣到更低價。此外，休頓給投資人五〇%的融資，所以他的虧損也遠高於他的預期。幾個月後他已經破產。休頓公司提議雇用這位年輕的投機客——他花的佣金已經很可觀——但李佛摩要求貸款一、〇〇〇美元，以便回到地下號子交易。休頓果眞貸款給他，於是李佛摩搭火車來到聖路易，在短短三天資本就激增到三、八〇〇美元，然後又被禁止入場，並返回紐約。他還了休頓的貸款，但拒絕休頓要他重開帳戶的提議。李佛摩知道他需要另一套適合正規交易的系統，在地下號子可以根據迅速變化的股價交易，笨重的華爾街卻辦不到。所以他渡過哈德遜河，來到新澤西州霍波肯一家新開的地下號子（紐約市本身雖然對充滿罪惡的非法地下號子採取視而不見的政策，但從未正式開放，原因可能是勢力龐大的經紀業者不樂見這種競爭）。雖然他再度賺到大錢，但也很快被禁入場。他請一位朋友作他的人頭，並在二十三歲就累積到一萬美元的個人資產。以他家族的標準來看，他已經是富翁，花錢也開始大方。他和一位名叫嬌丹（Nettie Jordan）的漂亮女孩結婚，但是不久後，在他一生共八次的第二次破產時，兩人也宣告分手。

李佛摩註定要發展出歷來最成功的股票交易法則（根據常識法則），然後再一次又一次地違反規則。這套系統很簡單。他是獨行俠；每一次他與人合夥都是以災難收場。他單獨行動，因爲他對別人的意見不屑一顧。他發展出一個把笨蛋分成三級的觀點，取決於他們接近眞正內線消息的能力，但笨蛋不管如何都是笨蛋，因爲他們根據消息而行動，而非自己思考。他追隨市場的勢力作多或作空，但把投資期大爲拉長，從幾分鐘延長到幾個月，以順應現實世界緩慢移動的交易。這種思維迫使他注重判斷長期趨勢，忽略地下號子裡短暫的行情變化。這些判斷仍然是技術性的——從一九〇七年到一九二九年，他從未放過利用每一個重大的市場高低點，但他純粹根據「對行情的感覺」，以及對總體經濟情勢的合理分析——後來它演變成類似葛洛斯用於投資的「長期」觀點。用李佛摩簡單扼要的說法：「能判斷正確又能保持不動的人很少見。」

破產兩次才成爲華爾街大玩家的李佛摩，也學會賭徒的秘訣——永遠保留足夠的彈藥，以便繼續玩下去。他甚至在最風光的時候成立信託基金，以保護部分資本免於被市場崩盤吞噬，但最後也徒勞無功，因爲他雖然能在市場保持頭腦清楚，但私人生活卻散漫得令人吃驚，最後在一連串的離婚與情婦的糾葛中傾家蕩產。令人扼腕的是，葛洛斯掛在牆上的李佛摩引句，正是他最常違犯、最後導致他毀滅的格言。史密頓說，李佛摩告訴他的兒子：「我只有在違背自己的規則時才會虧損。」總之，他最後傾家蕩產、一無所有。

李佛摩的交易策略結合了藝術與科學。一旦他決定進場，不管作多或作空，他會先投入最後打算投資金額的二〇%，如果股票走勢正如他的預期——也就是作多時上漲，作空時下跌——他會再投資第二批二〇%，然後第三批。這時候，股票走勢通常會開始走緩，作多的投資人獲利了結，放空者認賠殺出。如果股票在平穩階段後走勢不利於他，他會結清部位，嘗試讓虧損不超過總計畫投資的一〇%。如果走勢對他有利，他會把最後四〇%投入其中，並耐心等待獲利了結，通常一等幾個月。他常常說，眞正的大錢總是「在等待時」賺的。他抱著部位直到股價來到他在一九四〇年出版的書《如何交易股票》（*How to Trade in Stocks*）中所稱的「轉捩點」。轉捩點是證券價格方向變化的時刻，只有市場可以決定這種關鍵時刻是否已經來到——最常見的訊號是交易量不尋常的增加。整體來說，李佛摩的系統目的在把自大和情緒排除在計算外，因爲眾所皆知李佛摩就像所有投資人一樣，無法免於情緒的影響。事實上，他比別人更容易受影響，因爲長期的抑鬱症最後讓他走上自殺一途。

到一九〇六年，李佛摩已精通合法投資，他的交易帳戶價值超過二十五萬美元。他決定到紐澤西州大西洋城度假，並照他的慣例在出城前結清所有部位。在那個四月午後暴雨交加的日子，他和一個朋友走在木板大道（Boardwalk），踱步走進休頓公司的分公司。李佛摩隨手拿起股票報價的電報紙帶，開始研究它。他無法解釋——爲什麼紙帶就像能對他說話。他能輕易判斷紙帶透露的兩個重要的訊息——爲什麼價格上漲和大交易量就表示有人正在累積一檔股票，以及爲什麼大交易量和價格下跌就表示有人正在拋售股票——但這種靈感終其一生對他始終是個謎。他開始檢查當時最熱門的聯合太平洋（Union Pacific）股票，紙帶完全不合邏輯地對他吶喊：上漲就放空。他立即放空一、〇〇〇股，讓號子職員和他朋友急著想勸阻他。他承認自己不知道爲什麼如此篤定——後來這成了他的「傳奇」之一——然而在另外兩個人嘮叨完那是多好的股票，和市場情況多好的勸阻後，他又加碼放空二、〇〇〇股，然後又二、〇〇〇股，總計五、〇〇〇股。緊接著他宣告度假結束，四月十七日返回紐約——就在舊金山大地震發生前一天。

聯合太平洋鐵路在美國西部有數千哩鐵道，但地震的噩耗傳到曼哈頓時，聯合太平洋和整個市場不跌反漲。李佛摩放空的消息已經傳出，他的對手幸災樂禍地看著這個投機客的部位價格上揚。不過，李佛摩不爲所動，他又放空五、〇〇〇股聯合太平洋。隨著震災的規模和對西部經濟的衝擊漸漸明朗，聯合太平洋的股價開始崩跌。李佛摩的直覺爲他賺進二十五萬美元。休頓親自恭賀這位逆勢操作的投機客。然後在同一年夏天，李佛摩開始買進聯合太平洋，紙帶給李佛摩的訊息十分明確，有人正穩定地累積聯合太平洋股票。休頓打電話給李佛摩，宣稱自己有內線消息，顯示有人在耍弄李佛摩，把他當傻瓜。事實上，休頓說有人在操縱聯合太平洋股價，以便內部人（insider）可以在高檔拋售股票。這種說法並不離譜，李佛摩自己就不只一次大規模操縱股價，而且這並不違法。在這個例子，李佛摩相信自己判斷正確，但休頓傷了他的虛榮。李佛摩把所有聯合太平洋的持股賣掉，只賺到很少的利潤，但這家鐵路公司馬上宣布可觀的股息。他當初判斷正確，內部人確實在宣布前累積股票，而且李佛摩的買進推升了股價，他們騙休頓讓這位投機客下車。如果李佛摩不賣股票，他可以獲利五萬美元。他沒有怪休頓，而是怪自己違背了避開「內線消息」的原則。

儘管有這種失誤，李佛摩的交易帳戶裡仍有約一〇〇萬美元，所以他在一九〇七年賣出所有部位，開始度長假。他在華爾街人盡皆知，且甚受敬重，但還稱不上公眾人物。他先到佛羅里達的灣流釣魚（釣魚是他最愛的興趣），然後前往巴黎。不過，即使在巴黎，他還是無法遠離市場。李佛摩在生涯巔峰時期，在自己的豪宅、他的曼哈頓公寓、位於上紐約寧靜湖畔的度假小屋、棕櫚灘布列克旅館（Breaker's Hotel）他經常住宿的房間，以及他的遊艇上，都裝設了股價電報機。不過，一九〇七年夏季在巴黎時，他看到《前鋒論壇報歐洲版》的報導，說歐洲的銀行正遭遇高利率的漣漪效應。美國的利率也在上揚，國內就業開始下跌。李佛摩很快判斷股市忽略了正在形成的景氣衰退。他訂了回家的船票，開始以融券戶頭盡全力放空股票。

在一九〇七年的恐慌中，有一個比李佛摩更知名的人物就是摩根，我們會在後面敘述摩根顯赫的生平時提到。不過，李佛摩的角色對市場和摩根都有其重要性，那波恐慌從銀行擠兌擴大成在融資交易盛行的華爾街引發賣壓潮。賣壓在十月二十四日達到最高潮，賣單蜂擁而至。平常的交易日中午，紐約市的銀行家都會聚集在紐約證交所大廳的拆款局（Money Post），但那天那裡空無一人，因爲沒有一家銀行願意借錢給經紀商，即使利息高達一五〇%。經紀商很快開始賣出融資帳戶的股票，幾乎所有融資戶都遭斷頭，以致股價加速下跌。摩根靠著協商銀行動用準備金來支應燃眉的資金需求，並向市場最成功的空頭作手李佛摩喊話，請求他不要發災難財，最後終於化解了那天的危機。

李佛摩的未卜先知爲他賺進豐厚報酬，十月二十四日當天，他坐在桌前計算進帳。光是那天他就獲利一〇〇萬美元，打破他歷來最高的單日獲利記錄，但這些錢比起他的預估只是九牛一毛。李佛摩可以輕鬆地讓他的空頭部位上漲好幾倍——一、〇〇〇萬美元的獲利幾乎是手到擒來，二、〇〇〇萬美元不成問題——甚至達到四、〇〇〇萬美元。當陶醉於夢幻般的勝利時，他接待了一位訪客，是一家知名公司的投資銀行家。那人懇求他結清空頭部位，反過來作多。他訴求李佛摩的愛國心，並表明他是代表摩根本人說話。李佛摩回憶當時他說：「回去告訴摩根先生，我同意他的看法，而且在他派你來找我前，就完全了解情況的嚴重性。」後來李佛摩果然履行諾言，市場也在空頭收斂後開始大漲，幾天後他就從多頭部位再賺進二〇〇萬美元。他說，摩根的關照讓他感覺「那一刻就像國王」。當報紙披露他在協助扭轉恐慌扮演的角色後，李佛摩一夕間變成全國知名人物。他很快就會再度破產，但至少學會了後來葛洛斯向他學習的一件事：了解自己。

大恐慌後，李佛摩搖身成爲大亨級人物。他擁有一艘二〇〇呎的遊艇，經常出現在當時美國最豪華的賭場，棕櫚灘的布萊德海灘俱樂部（Bradley's Beach Club）。那裡的另一位常客是人稱「棉花大王」的湯瑪士（Percy Thomas），但他沒錢賭博，因爲一場失敗的投機已讓他傾家蕩產。不過俱樂部仍然歡迎他來晚餐，並且介紹他認識偶爾涉足商品市場的李佛摩。兩人一拍即合，李佛摩提議資助湯瑪士，但不是借錢給他，而是合夥。湯瑪士教導他一切有關棉花市場的知識，但後來的發展證明學費並不便宜。除了總體經濟情勢外，李佛摩只是個技術交易者，而且他相信棉花市場已經崩盤。他本人曾經在小麥市場投機成功，但湯姆士的個人魅力、能言善道，以及對市場基本知識的嫻熟，誘使李佛摩放棄讓他成功的自主判斷、單打獨鬥的方法。他們先小試牛刀，但很快李佛摩就傾盡所有財富在這場一開始就註定失敗的逆勢投機中。李佛摩甚至賣掉賺錢的小麥來支應棉花的虧損，違背自己捨賠留賺的基本原則。在短短幾週，李佛摩不但破產，而且負債一〇〇萬美元。他賣掉遊艇，並陷入他一輩子未能擺脫的嚴重抑鬱，搬到芝加哥，希望能從地下號子東山再起。他不改本色，並沒有因爲失敗而責怪湯瑪士，而是怪自己。

從一九〇八年到一九一五年，李佛摩貧困的生活不爲人知，一度還聲請破產，讓他深感奇恥大辱，因爲他過去都有償還債務的能力。在那幾年，他想通了他成功又散盡財富的原因。最後他從一家經紀商的借款帳戶結束他的自我放逐。歐洲的戰事爲美國製造商帶來龐大的利潤，李佛摩在市場作多的策略成功，很快便讓他東山再起。隨著世局演變，美國愈來愈有參戰的可能，他和他的朋友巴魯克都開始作空。兩個人都曾在國會接受質詢；放空在當時被認爲是不愛國的操作，即使是今日也常遭質疑。但李佛摩在第一次世界大戰期間的順利操作，讓他得以償還破產的債權人——雖然法律上他不必清償這些債務——並回復他奢華的生活方式。

這包括娶新老婆。他的朋友好萊塢製作人齊格飛，介紹他認識嬌小的女演員溫德特（Dorothy Wendt），當時她在影片《齊格飛的蠢事》（*Ziegfeld Follies*）演出。兩人情投意合，李佛摩已跟前妻分手很久，並在一九一七年離婚，隔年他便與溫德特結婚。一九一九年，他的長子小傑西（Jesse Jr.）出生，李佛摩在長島大頸（Great Neck）的王點區（King Point）買下一棟二十九個房間的豪宅，當作新家。李佛摩有私人理髮師，每天早上幫他刮鬍子。他極度講究穿著，西裝都是手工訂製，鞋子也一樣。他身高五呎十吋半，但他的鞋子加了墊片，讓他變成六呎高。他打橋牌——巴菲特最喜愛的牌戲——並把射擊運動當作嗜好，豪宅裡收藏了一大堆手槍、來福槍和獵槍。不久後，他暱稱爲「小老鼠」（Mousie）的溫德特又爲他生了第二個兒子。

李佛摩此時正處於事業巔峰，當曼哈頓最漂亮的辦公室大樓於一九二一年興建完成時，李佛摩租下閣樓當作辦公室。那棟當年叫赫克夏（現在的王冠）的大樓位於第五大道七三〇號，介於五十六街和五十七街間，裡面有李佛摩專用的電梯。其他客人很少獲准登上較高的樓層。《紐約時報》稱李佛摩的套房是紐約市最豪華的辦公室，有大理石地板和鑲嵌板牆壁。他雇用七個人，六名抄黑板員，和一個名叫達契（Harry Edgar Dacher）的助理。達契身高六呎半，體重近三〇〇磅，兼任辦公室的保安。李佛摩的辦公室安靜有如墳墓，他討厭雜音干擾。報紙甚至報導他通勤的新聞：司機開他的豪華轎車每天於七點二十分離開豪宅——他極度準時，完全遵照行程作業——紐約市的警察會一路以綠燈讓他直達辦公室。李佛摩的司機每周發一次小費給他們，管紅綠燈的警察個個有份。每次國會舉行證券業的聽證會，李佛摩都免不了得出席作證。他是一九二〇年代從美國金融市場撈到最多錢的人，他在一九二九年夏季賣光股票，並開始一連串的放空操作，讓他在大崩盤後賺到紮實的一、〇〇〇萬美元。

不過，李佛摩的美好生活很脆弱，演員妻子嗜酒且花名在外，讓他不只一次抑鬱發作，交易的直覺也因此變鈍。他在大崩盤後由空翻多，結果跳入一波所謂的「笨蛋」多頭走勢。小老鼠在一九三二年與他仳離，而且浪費掉他未在市場虧損的數百萬美元。一九三四年，他再度被迫宣告破產；次年，溫德特在一場酒醉後的爭吵對小傑西開槍，造成他的長子殘廢。李佛摩已經再婚，但仍養了許多情婦。小傑西說服他寫書，希望鼓舞他的情緒，並重新提振事業；當時他只有六十三歲。不過，美國正戰雲密布，李佛摩的書賣得不好，且書評不佳──他的觀念還太新、太具爭議性，而傳統觀念都反對他。一九四〇年十一月二十七日，他獨自在紐約市雪利荷蘭飯店吃晚餐時，走到洗手間，洗了手，然後開槍自殺。

葛洛斯在擔任PIMCO債券交易員早年看的第二本重要著作，是巴魯克寫的《我的故事》（*My Own Story*）。「我讀過幾本巴魯克的傳記，並且抄下許多他對市場的重要語錄。」葛洛斯說。其中一句重要的引言就掛在他辦公室牆上：「人不管做什麼，總是會走極端。當希望高漲時，我總是不斷對自己說：『二加二還是四，從來沒有人想出無中生有的方法。』當未來一片悲觀時，我會提醒自己：『二加二等於四，人類不會長期處在黑暗中。』」葛洛斯說，他最欣賞巴魯克的「好頭腦」和「常識」。

巴魯克一八七〇年八月十九日出生在南加州康登（Camden），父親西蒙（Simon）是德國移民，他的猶太姓氏最早可追溯到聖經的巴魯克抄文。巴魯克家族把十五歲的西蒙送到美國，以逃避普魯士陸軍的徵兵，由一位名叫曼尼斯・包姆（Mannes Baum）的昔日同鄉收留他；爲了表示感激，西蒙把兒子取名爲曼尼斯。包姆在康登開一家雜貨店，西蒙是聰明的學生，包姆送他進南卡羅來納州和維吉尼亞州的醫學院，他畢業不久便加入南軍，雖然他不像李將軍（Robert E. Lee）那樣蓄奴，而且實際上反對奴隸制；和以前和後來的移民一樣，加入南軍只是表達他對移民地的忠誠。他在蓋茨堡戰役被北軍俘擄，也是他在內戰期間三次被俘擄中的一次。西蒙告訴他兒子，他在戰俘期間受到很好的待遇，並且對北方人有良好的觀感，但他公開反對戰後的重建，變成極少數在崛起的三K黨（Ku Klux Klan）運動中扮演重要角色的猶太人。他並不敵視黑人，因爲在對待黑人和白人病患時，他一視同仁。西蒙漸漸成爲政治新星，被選爲南卡羅來納州的醫療協會會長，後來出任南卡羅來納州衛生局局長，並以支持服務貧民的公共衛生體系聞名。身爲業餘農人，這位醫生率先在大多由窮人擁有的貧瘠土地上興建磚造的灌溉系統。雖然他與三K黨有關係，但在博納德・巴魯克（Bernard

Baruck）十歲時舉家搬到紐約市時，他便切斷這層關係，並大力倡導爲紐約市漸增的租屋族興建公共浴室。西蒙後來以擔任威爾遜（Woodrow Wilson）到杜魯門各共和黨總統的顧問而揚名。

西蒙生活無虞，但不富有；舉家遷往紐約時他的資產只有一．六萬美元。不過伯納德的母親伊莎貝爾（Isabelle，娘家姓Wolfe）來自富裕之家，她父親有許多黑奴，曾告訴兒子她在內戰前從未自己穿衣服。巴魯克的外祖父在內戰中家業盡毀，而伊莎貝爾發現剛開始當地方醫生的西蒙是理想的對象。她爲他生了四個兒子，巴魯克是老二。

南方破敗的經濟沒有給巴魯克一家發展的機會，尤其是接踵而來的重建期。他們在一八八〇年遷往曼哈頓。紐約給巴魯克的印象就像舊金山給葛洛斯的，同樣是從鄉村搬到城市的十歲孩子，只是時間往後挪移了近七十五年，兩人都經歷了類似的命運。巴魯克對人群和城市豐富而新奇的事物感到驚嘆不已，例如，水龍頭流出的水。「紐約最棒的一件事是，我們不必像在南方那樣從井裡取水洗澡。」他在《我的故事》裡寫道。

十四歲時，巴魯克進入紐約市立學院（City College of New York）就讀。這並不奇怪，當時沒有公立高中，而他在初級學校的成績很傑出。他上了一門當時稱之爲「政治經濟學」的課程，內容是供需法則等原理。「十年後，我因爲記住那些道理而致富。」他在自傳中提道。巴魯克在紐約市首次遭遇反猶太主義。包括他自己在內的猶太人沒有一個獲准進入學校的兄弟會。他說，他和家人在南方從未被歧視，他的哥哥還是維吉尼亞大學兄弟會的成員。在他事業生涯中，巴魯克承受無數次的反猶太攻擊。

在學院裡，巴魯克展現出數學天分，後來這對他在華爾街快速竄升幫助甚大。他也是傑出的摔角運動員，在市立學院時身材就長到六呎三吋和一七〇磅。他終其一生都熱愛運動。

家人原本希望巴魯克從醫，但他興趣缺缺，寧可在一家批發藥局當學徒，每週薪水三美元。有一次他送貨到當時美國最有影響力的金融家——摩根的辦公室，離開時他對摩根「著名的鼻子和褐色的眼睛印象深刻。他們給我擁有無限權力的感覺。」在休閒時，他發現賭博的迷人，雖然他的家人憎惡賭博，而且在發跡後，他還參與了有史以來最有名的一場牌局——冷酷無情的工業家兼市場投機客約翰・押百萬・蓋茲（John "Bet a Million" Gates），就是在那場設於華道夫飯店（Waldorf Hotel）的私人百家樂牌局（baccarat）贏得他的綽號（**有人說這個綽號來自他賭一匹馬，但蓋茲在那天晚上押注百萬美元，確實轟動一時**）。蓋茲著名的押注最後與莊家平手收場，巴魯克則認爲他太輕率。不過，葛洛斯也發現，巴魯克認爲賭博和投資都需要相同的技巧，包括了解機率、保留部分現金，和克制情緒。在那場著名的牌局，巴魯克輸了一萬美元——正好是幾十年後葛洛斯在拉斯維加斯贏的錢數——那是他步上出名、財富和權力的第一步。

當時巴魯克的母親回南方探訪家人，在回程的火車上有人介紹她認識在曼哈頓經營一家小投資銀行的德國人。這個名叫柯恩的德國人正在找學徒，所以巴魯克不久後就得到那份工作，雖然他得犧牲每週三美元的薪水。柯恩未付分文給巴魯克，但他的公司從事套利交易，先在一個市場買進貨幣和證券，然後在另一個市場賣出，賺取小幅的利潤。巴魯克能夠很快心算匯率交易和差價；他說，公司的帳簿詳細記錄所有的交易內容，「是我最愛的讀物」。他的新老闆賞識之餘，欣然同意恢復他每週三美元的薪水。

不過，巴魯克要的是賺大錢。他和一位朋友旅行到柯羅拉多州的跛溪鎮（Cripple Creek），想在銀礦事業試試運氣。他們沒挖到任何東西，只是跛溪鎮上一家沙龍的賭輪盤被巴魯克看出動了手腳。只要有人押了大注，一定會輸。巴魯克開始避開押了大注的號碼，並且屢試不爽，最後被趕出場。於是他放棄淘銀夢，回到華爾街。

雖然巴魯克把大半生貢獻給公職，投資卻是他的最愛。他形容股市是「文明的最佳指標」。他在一家叫霍斯曼（A.A. Houseman & Company）的公司找到工作，並開始投資，但虧損小額的錢。「我養成一個後來從未中斷的習慣——分析我的虧損，弄清楚犯了什麼錯誤。」他寫道。但是在辦公室，他做事謹愼小心，所以霍斯曼在他二十五歲時就擢升他當合夥人。他買了一件艾伯特（Prince Albert）大衣、一項絲禮帽，並且結了婚。妻子叫葛莉芬（Annie Griffen），出身富裕的聖公會教徒家庭。他在中央公園追求她，但結婚是許久以後的事。他仍然著迷於放浪的生活——有一次他參加鬥雞賭博遇上警察突擊，差點遭逮捕——而且過度著迷於他的投資，直到一八九七年才安定下來。他以融資買進一〇〇股美國煉糖（American Sugar Refining）這家控制市場四分之三、並支付高股息的公司股票。當時這家公司正捲入國會激烈辯論的關稅問題，巴魯克判斷它會贏得爭議，果不其然。他在投資獲利後，把錢再次投入這檔股票，使總獲利達到六萬美元。一八九七年，即使家人因爲宗教信仰不同而強烈反對，他仍與葛莉芬結婚，並在紐約證交所買了會員席，開始專職投機交易。

有了李佛摩的榜樣，「投機客」（speculator）這個詞對巴魯克來說是恭維。從十九世紀以來投機客一直惡名昭彰，他們樂於摧毀公司並從中獲利，不過，受古典教育的巴魯克指出，這個源自拉丁文speculari的詞，意思是觀察（observe）。他建立三個日後嚴格遵守的原則：第一是蒐集潛在投資的所有事實，然後作出他所謂的資訊齊備的判斷，最後是迅速採取行動——「在太遲之前」下手。

他在自稱爲「第一樁大交易」中，確認了這三項原則的最後一項，就在一八九八年美西戰爭勝利後的那波大多頭。巴魯克七月三日星期天聽到美國在智利聖地牙哥灣決戰獲勝的消息，隔天的美國股市將休市，但歐洲市場會照常交易。和華爾街大多數人一樣，巴魯克正在新澤西海邊度假（當時漢普頓〔Hamptons〕還沒那麼受歡迎）。消息在晚上傳來，曼哈頓沒有火車可搭，於是巴魯克包了一班專車。他知道羅思柴爾德利用信鴿比別人更快傳遞滑鐵盧戰役的消息，在類似一八九八年的市場行情中一夕致富。霍斯曼公司利用當晚在倫敦大買美國股票，因而獲利可觀，名聲（尤其是巴魯克）也傳遍各地。

一九〇一年，巴魯克第一次狠賺一票——獲利七〇萬美元——靠的是放空混汞銅公司（Amalgamated Copper）股票。內部人和外圍分子把這支股票炒到每股一三〇美元，但在現實中，全球的銅需求因爲銅價與股價齊漲而萎縮。巴魯克看到他所謂的「無法抵擋的經濟重力」即將出現。雖然好友說他中了圈套，但他堅持不退讓，最後股價跌到六十美元，讓他在金融界更加出名。延攬巴魯克當貼身顧問的威爾遜總統，叫他「事實先生」（Mr. Facts）。

巴魯克的眞知灼見在市場陷入恐慌時最能顯現其價值——即使在情緒高漲之際，事實還是事實。他靠一九〇一年和一九〇七年的市場恐慌賺大錢，在恐慌前放空，且事後反過來作多。「在蕭條時期，大家會感覺好日子永遠不會來，」他在自傳中寫道：「這時候要對國家前途有信心，如果你買進證券，抱緊到繁榮期來到，就會得到豐富的報酬。」

巴魯克繼續一連串的成功出擊，一九〇一年在他買了生平第一輛汽車，並發現輪胎只能跑幾百哩後，他押注橡膠而擊出全壘打。他在自傳中開玩笑說，他被迫解雇買那輛車時附帶的司機。「韓李奇在清醒時是個好人，」巴魯克寫道：「但他的失職讓開車這種原本已經很刺激的運動，變得難以消受。」一九〇二年，他在一場控制路易斯維爾與納許維爾鐵路公司（Louisville & Nashville Railroad）的戰爭中，打敗摩根本人，雖然最後他未取得鐵路所有權——巴魯克說他一生最大的遺憾是從未擁有一家鐵路公司——卻從摩根那兒賺到一○○萬美元。三十二歲時他曾計算，平均每年他賺進約十萬美元。一九○七年的市場恐慌中，他個人保證挹注一五○萬美元到摩根的放款基金，據說是僅次於摩根的最大單筆承諾金額。兩年後，摩根要求他評估德州一座硫磺礦，他在滿意之餘向摩根表示個人願意「賭」五十萬美元價格的一半。「『我從來不賭博。』摩根回答說，臉上帶著暗示談話結束的表情。」巴魯克後來寫道。在第一次世界大戰，硫磺變得如此昂貴，使巴魯克的財富爲之暴增。摩根一九一三年去世後，摩根公司也來和巴魯克談買股權，而且那一小部分股權後來價值變成七、○○○萬美元（**只不過摩根公司爲了一點小利，決定把那些股權賣給別人，沒讓巴魯克有機會買回來，讓他深感憤怒**）。

這段期間巴魯克曾捐款給共和黨的政治人物，不久後還被視爲該黨在紐約的金主，最後更成爲全國性的財務支柱。他在一九一六年出任威爾遜總統的顧問，後來被任命爲戰爭工業局局長，並以威爾遜私人顧問的名義出席凡爾賽和平會議。他遭到考夫林神父（Father Charles F. Coughlin）、三K黨和亨利．福特的反猶太攻擊，其中福特在密西根迪爾伯恩的《獨立報》（*Independent*）上，指控巴魯克是「國際猶太陰謀」份子。他繼續投資，但已不若以往積極。一九二九年，和李佛摩與喬．甘迺迪（Joe

Kennedy）一樣，他在股市崩盤前大舉賣空，三年後和他們一同在國會接受質詢，面對策動股市崩盤的指控。可以確定的是，巴魯克是猶太人，而甘迺迪是天主教徒，他們都以遭到華爾街的白人盎格魯撒克遜清教徒（White Auglo-Saxon Protestant, WASP）當權派惡意攻擊而聞名，其中尤以摩根世家打擊他們最力。不過，這場「獵熊」純粹出於政治目的；一九三四年，羅斯福任命甘迺迪擔任第一任證券管理委員會主席，並雇用巴魯克當私人顧問。他是聯合國創立團隊的一員，在杜魯門和甘迺迪總統任內，他被視爲「政界大佬」。巴魯克在一九六五年以九十五歲高齡逝世於曼哈頓，今日的紐約市立大學體系仍保留巴魯克學院。在南加州創立的貝拉巴魯克研究所（Belle W. Baruch Institute），是爲紀念他母親對環保研究的支持。

葛洛斯在商學院曾學到摩根的理念，令他印象深刻的是這位知名銀行家的正直。他掛在辦公室牆上的座右銘是：「放款的主要依據不是錢或財產，完全不是。第一重要的是性格。」我爲本書訪問葛洛斯時，他評論道：「過去幾年我們已清楚看到許多大公司的性格，如安隆、世界通訊。」令他難忘的還有這位偉大銀行家的果斷。「他在恰如其分的時候展現力量，而且願意冒估量過的危險。」葛洛斯說。「估量」是仔細挑選過的用詞，和李佛摩與巴魯克不同，摩根絕非投機客。

對摩根來說，李佛摩和巴魯克──兩人他都認識，雖然並未深交──只是小孩，事實上也是。他的兒子傑克生於一八六七年，大巴魯克三歲，大李佛摩十歲。李佛摩出身貧困，巴魯克也只是小康家庭，摩根家族則是既富裕又顯赫。在葛洛斯另外兩位偶像仍然穿著短褲時，摩根的父親就已經是世界級的金融家，而他兒子則在母國、也是全球最重要的強權國家舉足輕重。另外兩人在葛洛斯的三位一體中地位較輕，摩根最為重要，不論就世人的記憶或當時他的影響力來說。他展現的德性也是核心價値，而非一時興起的表現──以葛洛斯的用語來說，是長期而非循環的表現。葛洛斯牆上的座右銘取自摩根在國會的證詞，他直接駁斥暗示銀行家放款完全基於極度商業考量的質詢。歷史學家分成兩派，各自相信英雄創造時代，或時代創造英雄。歷史記錄的「天命」（manifest destiny）年代裡，處處可見摩根留下的印記。在他的時代，大學校園最常見的座右銘是「及時行樂」──把握今天。摩根則把握了一個年代。

約翰・畢龐・摩根（John Pierpont Morgan）一八三七年四月十七日生於康乃狄格州哈福特，父親朱尼爾斯・史賓塞・摩根（Junius Spencer Morgan）是銀行家和商人；當時商人銀行（即投資銀行）在商業信用狀的演變過程中扮演一個重要角色。朱尼爾斯的父親喬瑟夫・摩根（Joseph Morgan）也是銀行家，而且曾大力培養兒子發展事業。摩根的母親茱莉葉・畢龐（Juliet Pierpont）出身紐約知名的傳教士和詩人家族，曾創作聞名遐邇的歌曲《聖誕鈴聲》（*Jingle Bells*）。摩根一生七十五個年頭始終體弱多病，他遺傳母親這邊的皮膚病紅斑痤瘡（酒糟鼻），到了中年後，鼻子因而彎曲變形，長出充滿靜脈血管的紫瘤，因此常嚇到看到他的孩子。當著名的攝影大師史泰欽（Edward Steichen）為他拍照時，摩根拒絕坐著拍側照，只是凶狠地直視照像機兩分鐘，然後轉身離去。他的名字幾乎像鼻子一樣沈重，因此被人取了許多幼稚的綽號，直到他學會寫字，他把簽名寫成J・畢龐・摩根（J. Pierpont Morgan），此後他的朋友和家人便叫他畢龐。不過，就算把他的合夥人算進去，稱呼他畢龐的人也不多，大部分人叫他摩根先生。

摩根世家的形成要從倫敦說起。多年前一位來自巴爾的摩的商人叫皮巴第（George Peabody），在倫敦創立一家銀行，協助英國人投資潛力無窮的美國企業。當時倫敦是世界金融中心，美國這個崛起的市場則是需要仰賴河流發展資本的商業。朱尼爾斯在一八五四年成為皮巴第的合夥人；當時他父親才過世幾年，留下超過一〇〇萬美元的資產。皮巴第的公司最後變成J・S・摩根公司（J.S. Morgan and Company）。朱尼爾斯大半生住在倫敦，畢龐後來接掌紐約分公司的營運。在畢龐一生中，美國金融市場附屬於大英國協的關係逐漸逆轉，而畢龐則在此轉型過程中扮演關鍵角色。

畢龐在學校的成績不出色，學習漫不經心，直到二十歲時他開始在皮巴第位於曼哈頓的美國代理商鄧肯雪曼公司（Duncan, Sherman & Company）當學徒（**傑克・摩根是家族中第一個大學畢業生**）。一八五七年的大恐慌讓畢龐第一次見識到美國金融的破敗，當時沒有中央銀行，因爲被三十年前支持平民主義的傑克森（Andrew Jackson）總統解散了。各州私人銀行甚至發行自己的貨幣。皮巴第公司的主要交易產品是州債券和參與公共工程，例如開鑿運河。聯邦政府的角色正逐漸成形，而全國性的經濟規範在皮巴第晚年之前都還只是粗具規模，美國金融業領導的眞空狀態就等著皮巴第塡補。

皮巴第年事已高，朱尼爾斯在一八五九年取代他的位子。他在內戰期間只扮演提供融資的小角色，因爲這類債券大多由紐約的猶太人發行，例如與德國金融界關係密切、強烈支持北軍的庫恩・羅伯（Kuhn Loeb）。不過，畢龐在那幾年作了一筆小生意，他搶先以電報告知父親一八六三年北軍在威克斯堡（Vicksburg）戰勝的消息，讓老摩根得以趁消息公開前在倫敦大買美國債券，並從後來的漲勢獲利。皮巴第於一八六九年去世後，畢龐負責他的葬禮。他是朱尼爾斯僅存的兒子，而十九世紀的商人銀行都是家族企業，很難想像畢龐會走其他行業。對畢龐的兒子傑克來說也一樣，傑克想當醫生，但註定必須加入家族公司。謝諾（Ron Chernow）在《摩根世家》（*The House of Morgan*）一書中形容這是「紳士銀行家法則」。

畢龐是傳統、甚至典型的白人盎格魯撒克遜清教徒：北方白人、主張由主教統治教會。他是虔誠的教徒，支持嚴格的道德標準；他言出必行，所有的交易都以握手表示決定。他熱愛蒐藏藝術品及從事慈善工作，用心的程度一如對工作的投入。另一方面，他也極端浪漫。他的第一次婚姻娶了司徒吉絲（Amelia Sturgis），但她在蜜月期間就死於肺癆。她的名字在家裡被尊爲神聖，畢龐百般溫柔地追念初戀的她。相較之下，一八六五年與崔西（Francis Louisa Tracy）長期的婚姻則顯得空虛。摩根著名的遊艇是他的水上行宮，他在國內和歐洲的行旅過程中從未停止拈花惹草。

當朱尼爾斯在倫敦掌控公司時，他的主要競爭對手是當時兩個頗具規模的商人銀行家族，羅思柴爾德（Rothschilds）和霸菱（Barings）。一八七〇年法國遭俄國攻擊時，向倫敦尋求金援，並找上摩根。霸菱與俄國同一戰線，而羅思柴爾德認爲法國會戰敗而保持中立。摩根組成聯合銀行團，雖然法國開出苛刻的條件，仍代爲發行公債。當法國屈居下風、公債下跌時，朱尼爾斯冒險以自己的財產進場買進，支撐公債的價格。法國輸掉戰爭，但未拒絕支付那些債券，因而使價格回復面值水準，並為摩根賺進一大筆錢。那次交易讓他聲名大噪。

在母國，畢龐已長成魁梧的年輕人：身高六呎，體格壯碩，褐色的眼睛炯炯有神。他隨時保持正式的穿著，隨著季節戴不同的帽子，有時候也穿格紋背心。他逐漸以交易公平和果斷聞名，早期較重要的交易是解救一家高爾德（Jay Gould）和拉姆西（Joseph Ramsey）爭奪的小型紐約鐵路公司。拉姆西雇用畢龐希望從掠奪者手中奪回他的鐵路公司，畢龐想出一套大膽的計畫，他找到一位紐約上城的法官，把高爾德趕出鐵路公司董事會，同時安排與一家規模較大、但無吞併野心的鐵路公司合併。除了手續費外，他從這筆交易獲得合併後的新鐵路公司一席董事席位。雖然摩根一生保持銀行家的身分，並代表後來所謂的「金融托辣斯」（Money Trust），他也是一個頗具影響力的生意人，是鍍金時代（Gilded Age）的強盜大亨。他從未累積像卡內基（Andrew Carnegie）或洛克斐勒（John D. Rockefeller）的龐大財富，但影響力卻比這兩個人大。事實上，在那個強者出頭的年代，他的影響力超過任何人，這從一九〇七年的大恐慌時他協助老羅斯福總統解決問題可見一斑，而他的成就也在當時達到巔峰。

另一方面，朱尼爾斯也安排一位顯赫的費城銀行家德瑞索（Tony Drexel）與他兒子合夥。德瑞索看出紐約正逐漸崛起成爲美國的金融中心，於是在一八七一年成立結合兩個家族的德瑞索摩根公司（Drexel, Morgan and Company）（這個名稱持續到一九一〇年，然後改名爲摩根公司〔J.P. Morgan and Company〕）。兩年後，這家公司在華爾街二十三號設立總部，隔著布羅德街（Broad Street）與紐約證交所相對。同一年，畢龐也因爲領導的銀行聯貸搶到美國內戰公債三億美元的半數，大爲提高他的公司地位。原本這批公債可能落入庫克（Jay Cooke）手中，他是德瑞索在費城的頭號金融界對手。J·S·摩根公司和霸菱都參與畢龐的銀行聯貸，所以這是兒子第一次爲父親帶進一筆大生意，並非父親的成就。錦上添花的是，庫克的金融帝國在同一年，也就是一八七三年的恐慌中崩潰。特別是歐洲鐵路的投資人在那一年都損失慘重，但畢龐未投資鐵路股，反而從那場災難獲利一〇〇萬美元。德瑞索摩根公司從此奠定金融界巨擘的地位，而且在摩根一生中不斷擴增其影響力。

畢龐的父親總是警告他不要投機股票，一八七三年的恐慌更加強畢龐對美國金融寡佔的觀點。這種資本主義觀點憎惡競爭，而且一有機會就會極力消滅競爭。他的理由是爲了股東的利益；在當時，商人銀行家必須親自爲銀行營運的成敗負責，不是一起飛黃騰達，就是跟隨身敗名裂。畢龐必須挖空心思籌劃對股東風險最小的生意，其結果就是托辣斯——原本應該互相競爭的大公司形成集團，共同宰制市場。在那個時代，沒有人比畢龐更善於利用托辣斯來創造和利用壟斷，連洛克斐勒也得甘拜下風。他主導奇異公司（General Electric）的創立，而他最大的一筆交易是成立美國鋼鐵公司（United States Steel Corporation），也是第一家資本額超過十億美元的公司，市值佔當時美國股市總市值的九分之一。在美國鋼鐵的交易中，畢龐未打任何折扣地支付卡內基為他的工業王國開出的四・八億美元價碼，使卡內基一夕間成為美國第一大富豪。卡內基在談到自己並讚許摩根壓倒華爾街其他歷史更悠久的商人銀行時，自誇地說：「只有洋基佬能贏過猶太，但也只有蘇格蘭佬才能贏過洋基佬！」事實上，畢龐對美國鋼鐵的估價比卡內基高一億美元，後來卡內基懊悔地承認那可能是事實。

畢龐在父親於一八九〇年過世後，成為整個家族合夥事業的第一合夥人，事業群還包括在歐洲的其他公司。他是一個嚴格的工頭，無情地鞭策自己和合夥人工作；摩根世家以多位合夥人英年早逝聞名，包括幾個死於過勞的領導人。他並非天性喜愛辛勤工作，而是身體向來多病。他以快刀斬亂麻的決策著稱，而非無窮無盡的分析；當卡內基用鉛筆在紙上寫下要求的價碼時，他不假思索就一口答應。為了補償每天在辦公室工作十六小時，畢龐經常度長假，通常一去三個月，就待在他一艘叫「海盜船」

的遊艇上，並且喜歡暗示自己是海盜亨利・摩根（Henry Morgan）的後代。他眾多遊艇中最大的一艘長度超過三〇〇呎，如果不是必須在哈德遜河靠近克雷格史東的夏季別墅附近迴轉，這艘遊艇還可能更長。摩根許多著名的交易都在這艘遊艇上成交，包括一八八〇和一八九〇年代取得控制權的龐大鐵路網。另外一些交易大多在曼哈頓莫瑞丘附近他的華麗書房裡達成，現在這座已變成公共機構的書房仍然完好如初。曼哈頓到處有他的足跡；他是大都會美術館、美國自然歷史博物館，和大都會歌劇院的主要贊助人。他的公司原本座落的那棟建築仍然挺立在華爾街，距離亞歷山大・漢彌爾頓三位一體墓園只有幾步之遙。

隨著二十世紀的來臨，摩根旅遊的時間愈來愈長，他妻子早已停止陪伴他遠遊——他去世前三年曾到埃及三次——外界有關他與歐洲和紐約社交名媛過從甚密的傳聞也愈來愈多。麥金利（William McKinley）遭暗殺後上任的老羅斯福，對托辣斯不像前任那樣友善，並向摩根世家宣戰，而畢龐不是置之不理，就是委由助手（**其中一個是他已成人的兒子傑克**）因應。一九〇七年的恐慌爆發時，畢龐正在維吉尼亞州里奇蒙，以教區代表的身分出席聖公會的年會。恐慌的規模可能是摩根經歷過最嚴重的一次，他想到自己對投資大眾的責任，於是匆匆趕回紐約處理這場災難。

一九〇七年是惡耗不斷的一年，股票投機也達到高潮。埃及證券交易所崩盤；東京的情況類似，日本的銀行業倒閉連連；英格蘭銀行的準備金見底。波士頓和紐約市的債券乏人問津；前一年發生大地震的舊金山亟需重建，但完全借不到錢。許多大公司破產。當美國股市在八月十日崩盤時，損失創下十億美元的空前紀錄。華爾街怪罪老羅斯福打擊托辣斯，導致企業信心不振。羅斯福責怪華爾街巨人的共謀——形容他們是「一批劫掠龐大財富的罪犯」，據說畢龐就是羅斯福認定的首謀，而他在演說中說這些話時，畢龐正好是出席的來賓。進入秋季時，鄉村銀行爲了支付當季的農作收成，一如往年耗盡紐約的財庫。到十月，奈克波可信託銀行（Knickerbocker Trust）在一波存戶擠兌中，因爲付出八〇〇萬美元而倒閉。

畢龐回到紐約後，組織一個銀行家委員會協助他應付危機，在稽核奈克波可的財務後，畢龐判斷已無法挽救。他決定保衛一家較強健的公司，即美國信託公司（Trust Company of America）。整個十月間，在紐約各大商業銀行的協助下，加上聯邦政府保證金援二、五〇〇萬美元，摩根力挽各信託公司和銀行的擠兌狂瀾。十月二十四日，恐慌擴大到紐約證交所，經紀商用以支應融資交易的短期拆放款資金耗盡，證交所主席打電話向摩根求援，他在十五分鐘內籌集了二、五〇〇萬美元的信用，用來挹注拆放款市場。當交易所大廳宣布這項消息時，交易員瘋狂慶賀，聲音大到摩根在自己的辦公室都聽得到。

恐慌尚未平息，摩根在幾乎拯救了整個銀行業和證券經紀業免於毀滅後，轉而向財政瀕臨破產的紐約市伸出援手。紐約市長因爲借不到錢，向摩根要求三、○○○萬美元貸款獲得應允。然後摩根專注在自己的事業。在一連串複雜的操作下，他同意支撐一家財務吃緊、但擁有田納西煤鐵公司控制權的經紀商。他幾乎是把一批銀行家、信託主管和工業鉅子徹夜鎖在他的書房，才終於達成協議，讓他取得田納西煤鐵的控制權，成爲美國鋼鐵之外他擁有的另一顆工業瑰寶。這樁交易在正常狀況下不可能達成，因爲明顯違反雪曼反托辣斯法（Sherman Antitrust Act）。這套法案在羅斯福大力推動下通過實施，但羅斯福爲了盡快結束恐慌而被迫接受這樁交易，並簽署文件，交由兩位漏夜搭火車到華盛頓的摩根密使帶回。

恐慌結束後，摩根開始半退休的生活，每天只工作幾個小時，把大部分精力耗費在自己蒐藏的興趣上，包括許多被視爲美國最有價值的私人收藏品。他的信託公司之一打造了鐵達尼號，他在船上有一間專屬套房，在處女航前他就率先用過。不過他取消了首航的保留艙位，當一九一二年四月這艘大船沈沒時，正在法國旅行的他幾乎立即被國會傳喚，有人利用它來攻擊製造船的信託公司及其創立者。摩根大半生受到負債者的憎惡，也包括大多數的美國人：當布萊恩（William Jennings Bryan）大聲疾呼「黃金十字架」（cross of gold）時，指的就是在一八九五年穿梭遊說讓美國維持金本位制的摩根。摩根受到眾院銀行與貨幣委員會的嚴苛對待，刺激他說出葛洛斯掛在牆上的座右銘。根據國會的文獻紀錄，它出現在摩根與委員會法律顧問恩特邁爾（Samuel Untermyer）的對話，全文如下：

恩特邁爾：商業授信的主要依據是不是錢或財產？

摩根：完全不是；第一重要的是性格。

恩特邁爾：比錢或財產重要？

摩根：比錢或財產或任何其他東西重要。錢買不到它，一個不可信任的人即使有所有基督教國家的擔保，也從我這裡借不到錢。

畢龐的身體被這些聽證會折磨到吃不消，因此立即回到歐洲休養。一九一三年三月三十一日，他在羅馬一家旅館內的豪華套房去世，享壽七十五歲。當時畢龐的女兒露意莎陪著他，露意莎向弟弟傑克報告，他們的父親已把摩根世家的控制權交給他了。《紐約時報》刊登畢龐的訃聞，並估計他的財富有一億美元。卡內基讀到時說：

「沒想到當年他還那麼窮！」

摩根死的那年，美國成立聯邦準備系統，而且中央銀行的權力未再交到個人手中，但摩根世家在二十世紀後期仍在美國金融界扮演重要角色。這家公司就是畢龐最重要的成就，他把一家境外仲介銀行打造成世界最有影響力的金融機構。他培養合夥人，並充分授權給他們，所以死後這家公司的經營未受任何影響。雖然他在聲勢最旺的時候十分專橫、甚至跋扈，但他最受稱道的天分是他的遠見，以及掌握資源、善加利用的能力，而不是管理他因此而建立的事業。他把事業的管理交給招募來的工業家，簽合約這些細節則交給部屬。他一輩子謹言慎行，書桌上放著一塊座右銘牌，上面刻著「多思、少言、惜墨」。這位經常抱怨未做好授權的人，在授權上確實非常成功。

葛洛斯把巴魯克、摩根和李佛摩的人生教訓，應用在自己的人生中，就像他從索普的《超越市場》學到許多技巧，他們三個人就是葛洛斯投資哲學的導師。

葛洛斯從李佛摩的人生印證了自己擁有的數字天賦，可以用在賺取財務報酬上。他也再次發現讓情緒和衝動支配投資決策，會付出沉重的代價，同時任何想在市場使用特定系統賺錢的人，必須嚴格遵守紀律，甚至出於苦行的精神。如果李佛摩堅持自己的原則，他歸天時會是個富有而快樂的人。

巴魯克的成就強化了葛洛斯的信念，即投資確實類似賭博——但勝算高得多。巴魯克的成功來自長期投資，拒絕隨著短期的恐慌或狂熱起舞，並且在金融市場上應用一切可得的世界經濟和國際商業資訊。葛洛斯著迷於發掘錯誤的定價、徵詢專家的意見、預測世界經濟的循環性波動，並利用這些預測從債券市場賺錢，和巴魯克的技巧與作法有異曲同工之妙。

李佛摩和巴魯克激勵葛洛斯找到市場與投資本質的解答，而摩根的一生則是葛洛斯創立一家成功投資公司的楷模。葛洛斯從投入職涯之初就立志建立一家能傳諸後世的投資機構。他一向把自認不擅長的工作授權給合夥人，例如日常的管理客戶關係等工作。他創立PIMCO著名的長期論壇（Secular Forums），讓所有專業員工投入這個資訊共享的決策流程。PIMCO的投資方針並非由葛洛斯個人掌控，而是交給投資委員會擬訂。即使不是合夥人也能參加委員會，爲葛洛斯不認同的投資決策辯護。儘管獨裁在一九〇四年比在二〇〇四年盛行，但依賴一個人做決定的投資公司現在和當年都一樣不可能存活。以摩根和德瑞索作榜樣，葛洛斯和他的合夥人已把PIMCO打造成一家即使在他們退休從事收藏和慈善事業多年後，業績仍會蒸蒸日上的投資機構。

第二篇

總報酬投資

第四章
浸水的世界

葛洛斯投資方法的基礎，是一套預期證券市場變化的架構。他效法的三位投資人——李佛摩、巴魯克和索普——都以比對手更快掌握趨勢及其影響而著稱。李佛摩能看出波士頓地下號子報價數字變動的模式；巴魯克能看出大局勢，不管周遭投資人陷入恐慌或狂熱，都能掌握證券價格的退潮與漲潮；索普能準確判斷低流動性投資（可轉換債券）的錯誤定價，然後善加利用。葛洛斯的另一位導師巴菲特（以同輩競爭的方式），則能預見經濟和市場的演變如何改變生活和帶來投資機會。這種敏銳的預測能力，就是促使葛洛斯籌設和推動ＰＩＭＣＯ長期論壇的根本原因。

在生涯早期（直到現在還是），葛洛斯認為了解市場的根本變化可作為控制情緒的方法：他盡量不讓自己對變化感到意外，希望把變化當成一個可研究和管理的市場因素。葛洛斯以兩種截然不同的期間（time horizon）研究變化。正如我們先前提過，較短的期間為三到十二個月，稱之為「周期」；較長的期間則是三到五年的「長期」。

從葛洛斯一九七〇年代初開始採用總報酬投資法以來，PIMCO便致力於利用一套「宏觀」研討會的架構預測變化，這種研討會的目的是帶領葛洛斯和他的經理人離開辦公桌，以便眞切地探索事件和它們的意義。從一九七五年到一九八一年，PIMCO的投資團隊每季召開專門研討循環變化的會議。不過，受限於其目的，這種會議是反應式的，而非形成遠見的機制。循環性的變化，例如，俄羅斯一九九八年公債違約、瑞典二〇〇三年公投決定是否加入歐元區，以及二〇〇〇年美國總統大選結果，幾乎不可能準確預測。嘗試預測這些事件就像解讀符咒或卜卦一樣：誰能預測瑞典外交部長林德女士（Anna Lindh）遇刺，以及該事件未能改變瑞典人在幾天後的全國公投拒絕加入歐元區的決定？或者，誰能料到布希與高爾在大選計票上發生的奇特狀況？雖然這些事件對投資人的影響甚鉅，但根據事件的變化迅速作出調整投資組合的反應，只是事後把握機會或減少損失的作法，而非積極創造賺錢良機的方法。

不過，到了一九八二年，葛洛斯覺得必須設立一個長期論壇，以便爲投資決策發展較廣闊的觀點。PIMCO在同一年舉辦第一次長期論壇，並從外面請來兩位貴賓對PIMCO的經理人演講：著名的能源分析師麥斯威爾（Charles Maxwell），談影響能源業的大趨勢；和經濟學家魯迪吉（John Rudedge），討論總體經濟和金融趨勢。此後便每年舉行長期論壇，以搭配每季的循環論壇，而且隨著不斷演變，這些論壇的議程已擴大到今日邀請的五、六位演講者，議題內容也變得更豐富。

「我們不只談經濟，」葛洛斯解釋說：「也嘗試跨入人口統計、政治和其他影響長期展望的領域。」這麼多年來，演講人包括多位前任和可能出任聯準會主席的理事，如安吉爾（Wayne Angell）和柏南克（Ben Bernanke）。重量級的投資銀行家有考夫曼（Henry Kaufman），華爾街的大師有摩根士丹利公司的羅奇（Stephen Roach），他們都經常受邀發表演說。著名的市場研究者如魯索德（Steve Leuthold）和葛蘭森（Jeremy Grantham）都曾光臨，政治與社會評論家也未缺席。布里辛斯基（Zbigniew Brzezinski）離開卡特政府後，也曾對PIMCO的經理人發表演講；萊奇（Robert Reich）在加入柯林頓政府前，曾在這裡暢談世界趨勢。甘迺迪與詹森政府的冷戰鬥士羅斯托（Walter Rostow）一九八六年在此發表演說，不久後冷戰宣告結束。菲力普斯（Kevin Phillips）和格瑞德（William Greider）等社會批評家經常出席，兩人都在二〇〇三年發表演說。耶魯大學歷史學家史景遷（Jonathan Spence）在二〇〇二年演說現代中國的發展。馬里蘭大學國際經濟中心主任卡爾佛（Guillermo Calvo），出席一九九五年的論壇，探討前一年發生的墨西哥債務危機對整個拉丁美洲的影響。UBS華寶公司（UBS Warburg）的首席美國經濟學家麥克里（Paul McCulley）一九九八年的演說如此精采，葛洛斯和其他合夥人力邀離開PIMCO六年的他重回公司，現在他是PIMCO的聯準會觀察家，和短期投資組合的經理人。

葛洛斯負責邀請演講人，並擬訂論壇的議程（**麥克里則負責每季的循環論壇籌備事宜**）。探討的主題都在舉行前的一年形成，最棘手的投資問題會在論壇中深入探究。員工則負責準備簡報資料，包括數百頁與那一年主題有關的研究：二〇〇三年的會議主題包括人口統計、生產力、通貨膨脹與貨幣政策、預算政策、資產報酬率比較、國際貿易和中國市場等內容，其他準備的資料包括演說者推薦的讀物。在發表演說後，演講人會詳盡回答問題，接著員工們進行同樣詳盡的討論。會議在PIMCO總部的演講廳舉行，與會者圍坐在一張巨大的會議桌。演講廳可容納約一〇〇人，未能與會的人可在總部大樓各個較小的會議室，透過電視轉播觀看會議進行。

PIMCO目前的投資方針出自二〇〇三年五月在新港灘舉行的長期論壇（**本書出版時間約為二〇〇三年十月**）。雖然外人不能參與會議，但我有幸獲邀參與盛會。

葛洛斯在本書提出的建議，有許多出自那次論壇。三天的會議集中討論的數個重大趨勢，後來都成爲那一年新聞界頭版的消息，尤其是潛藏危機的美國退休基金業。「我們討論並檢驗問題，而且經常意見不一致，」葛洛斯說：「但我們都獲得結論，然後根據結論採取行動。」PIMCO投資委員會每天開會，討論根據長期觀點做的替代投資決策。葛洛斯說，論壇會形成「一套我們在未來十二個月相當嚴格遵守的投資策略。」

PIMCO團隊二〇〇三年開會之際，他們代表個人和機構投資人管理的資產超過三、三〇〇億美元，而且因爲績效最佳而成爲最受敬重的固定收益管理公司。葛洛斯歸功部分原因爲公司的長期觀點，許多專業投資人埋首於每天的市場細節，但PIMCO視這些細節大部分爲無意義的「雜音」，或設法利用它們在市場製造的無效率。PIMCO的經理人和交易員堅持根據對社會和世界事務長期趨勢建立的紀律，以避免受到一時情緒的干擾。

二〇〇三年論壇的主題呈現在葛洛斯樸實的比喻上：「木頭有多濕？」他以「濕木頭」（wet log）形容深陷或即將陷入衰退的已開發世界經濟體：它們不容易點燃。美國的利率在論壇當時已快跌到一％，是近五十年來最低水準。低利率是刺激經濟復甦的主要手段，可以鼓勵消費者貸款和支出，也能激勵企業借錢和投資。另一方面，日本的利率幾近於零；歐洲央行也很快會調降利率，以便整治岌岌可危的經濟。不過，這種刺激經濟的手段，已不再像以前那麼管用了。

根本的問題在於就業。一九九〇年代末期，PIMCO的論壇發現一個後來被普遍認同的趨勢：中國（以及現在程度略輕微的印度）正在出口工資性通貨緊縮到全世界。導致美國的經濟陷入兩難的困境——在就業持續萎縮時，經濟如何復甦？二〇〇三年的演講人之一，是在國家經濟研究局任職的費德斯坦（Martin Feldstein），也是雷根總統的經濟顧問和哈佛大學教授。總部設在波士頓的國家經濟研究局，負責判定美國進入和結束衰退的時間（通常在發生之後很久才作出判定）。非官方的衰退判斷標準通常是連續兩季以上國內生產毛額出現負成長，復甦則是連續兩季的正成長。但費德斯坦在論壇對與會者解釋，國家經濟研究局的定義著重就業多於國內生產毛額，而兩種標準的差異在二〇〇三年春季引起熱烈的討論。美國當時出現連續四季的國內生產毛額成長，雖然力道仍很微弱，許多專家卻據此宣稱衰退已經結束。但失業率仍然居高不下，因此國家經濟研究局尚未正式確認復甦。當國家經濟研究局在二〇〇三年七月確立衰退始於二〇〇一年三月、並在短短八個月後結束時，就業仍是美國最熱的經濟話題。政府的資料顯示，從國家經濟研究局訂二〇〇一年十一月復甦開始，到二〇〇三年第一季間，雇主共削減九十萬個就業機會，另外有超過十五萬名求職者放棄努力找工作。國家經濟研究局承認，當二〇〇三年七月他們為了宣布復甦已經開始，不得不略微犧牲原本偏重就業的標準。

中國目前在世界經濟秩序中所扮演的角色，是一座碩大無朋的工廠——已開發世界製造商的外包中心。中國勞工低廉到連墨西哥和南韓都因此流失製造業的就業機會。而且中國不只出口工資性通貨緊縮，也藉產品而出口物價性通貨緊縮。在PIMCO的經理人集會時，聯邦準備理事會正大幅修正央行的長期觀點，過去數十年來，聯邦準備理事會打擊通貨膨脹不遺餘力，且成功地扮演了這個角色；在PIMCO論壇期間，美國消費者物價指數漲幅為二・八％，遠低於二十年前的雙位數比率。對抗通貨膨脹是央行的傳統角色，但聯邦準備理事會已決定（後來也宣布）轉向新的政策重點：對抗通貨緊縮。這種政策轉向的意義是支持物價上漲而非下跌——也就是支持通貨膨脹——而這對債券是利空消息。債券持有人的目標是保持他們的購買力。在二〇〇三年論壇期間，葛洛斯和他的團隊決定採取更保守的管理投資組合方法，例如預期利率上揚而縮短平均還本期間（duration）。事實上，這種情況在短短兩個月後就發生，速度快得出奇，隨著市場漸漸明白聯邦準備理事會的意思，長期利率也大幅攀升。

中國在全球經濟事務扮演的角色，也呈現在ＰＩＭＣＯ的亞洲經理人因爲嚴重急性呼吸道症候群（Severe Acute Respiratory Syhdrome, SARS）的威脅，而未能像以往那樣出席論壇。ＳＡＲＳ在前一年秋季發生於中國，並蔓延到香港和其他地方，世人對這種傳染病十分陌生，只知它相當凶險。二〇〇二年底開始的全球經濟復甦因爲ＳＡＲＳ病毒而熄滅，但後續的美國經濟活動遭到ＳＡＲＳ波及程度未如預期嚴重，導致美國利率暴漲。此外，二〇〇三年六月和七月發表的經濟數字比預期強勁，加上聯邦準備理事會的新政策立場，引發對利率敏感的美國公債與抵押貸款債券賣壓重重。因此，ＳＡＲＳ也是論壇的主題之一，雖然債券市場在論壇當時十分強勁，論壇的結論之一是：開始縮短投資組合的還本期間。

葛洛斯在論壇的開場評論中提出這個看法。「濕木頭」意味極遲緩的成長，原因是政府未能刺激經濟成長，以及企業不願意或無法雇用與增加支出。遲緩的成長表示，企業獲利無法像正常的經濟復甦那樣加速，也表示通貨膨脹會維持在低檔，通貨緊縮將是更急迫的問題（幾周後聯邦準備理事會果然正式承認這一點）。葛洛斯說，因此，這場論壇將探討世界是否有足夠的火種，足以點燃濕透的經濟木頭。一九三〇年代是最顯著的失敗例子，而未來的失敗並非不可能。葛林斯班（二〇〇三年時的聯邦準備理事會主席）長期以來擔任聯邦準備理事會主席，向來善於操縱各種經濟槓桿，成功引導美國的經濟，但通貨緊縮（也是大蕭條的原因）卻是PIMCO麥克里所描述的「資本主義的野獸無法承受的負擔」。日本的慘痛教訓證明，只有政府的積極作爲才能解開這種糾纏不清的經濟困境。

葛洛斯提出三個論壇希望解答的基本問題：

一、「我們應該保持利差嗎？」

二、「我們應該轉向現金，放棄利差嗎？」

三、「或者我們還能繼續吃沙拉（eating salad）？」

從某個層面看，債券投資就是現金與利差的關係，或更精確地說，是現金相對於利差的配置。利差是金融術語，表示債券支付投資人承受風險的溢價（premium）。長期公債提供高於短期公債利息的利差，公司債的利差更高於長期公債，高收益公司債還更高。當葛洛斯提到「現金」時，指的並非專業投資人皮夾裡的鈔票——而是極短期貨幣市場工具，例如隔夜銀行與企業借款。轉向現金是投資經理人沒有其他選擇時的作法，即無法在市場找到值得追求的利差時。這是一種極端防守式的作法，代價也很高。二〇〇三年春季時，商業本票等現金工具的報酬率正處於數十年來的低點，只能勉強支應投資組合的成本。「吃沙拉」指的是，葛洛斯把一九八〇年代和一九九〇年代大多頭公債市場，形容爲固定收益投資人的吃沙拉年代：收益率可觀、風險低，而且價格穩定升值。公債是那個時代最大的受益者，因爲它們承擔的只有利率上升的風險。「吃沙拉」表示從高品質債券獲得豐厚的報酬，這也是二〇〇三年論壇質疑已經不再的榮景。

基調訂定後，葛洛斯把會議交給菲力普斯。菲力普斯在一九六〇年代末期因爲出版《共和黨的崛起》（*The Emerging Republican Majority*）而聲名大噪，他是《美國政治報告》（*The American Political Report*）的編輯兼發行人，也在一九九〇年寫過《貧與富的政治學》（*The Politics of Rich and Poor*），和二〇〇二年出版的《財富與民主》（*Wealth and Democracy*）。菲力普斯發給與會者一篇論文，標題是〈霸權、自大與野心過大〉。他隨即開始嚴格分析美國的外交與經濟政策，把美國入侵阿富汗與伊拉克，與西班牙、荷蘭和大英帝國在盛極之時的軍事擴張相比較。他說，這是明顯的野心過大的例子，美國現在正陷入同樣的困境。他指出，美國的狂妄自大並非霸權的象徵，而是霸權的式微。葛洛斯也轉而接受這個觀點，他在二〇〇三年三月的《投資展望》中，宣布反對入侵伊拉克，並且立即引來《華爾街日報》的猛烈抨擊。

另一篇菲力普斯發給與會者的論文是〈財富如何定義權力：新鍍金時代的政治學〉，並在演說中以這些論點印證美國的野心過大。他認爲，一九九〇年代末期的高科技狂熱，如同馬克吐溫一〇〇年前所提的「鍍金時代」（Gilded Age）般詭異。那些在今日高談「新典範」（New Paradigm）的人，忘了以前就有人倡言這種烏托邦：在一九二〇年代，著名的經濟學家費雪（Irving Fisher）說，美國已成爲一種「永久的繁榮平台」。

菲力普斯舉出大量的資料，顯示財富正快速集中在少數富人手中——正如鍍金時代發生的狀況。在內戰爆發前，美國首富凡德比特（Commodore Vanderbilt）的財富有一、五〇〇萬美元。到一九〇〇年，卡內基和洛克斐勒的身價各有逾三億美元現金，而且相隔的四十年間通貨膨脹微乎其微，因此增加的都是實質財富。在一九八〇年，十位待遇最高的企業領導人平均薪資爲三五〇萬美元；到二〇〇〇年激增爲一·五五億美元。「沒有一個時代比得上這種增加的速度。」菲力普斯說。

不過，鍍金時代和新典範時代的差別在於，一個世紀前的美國並非世界強權，現在則是；美國的行事也因此更動見觀瞻。他憂心忡忡地警告，美國正在「日本化」

——即核心的經濟優勢正逐漸流失，留下一個脆弱的金融空殼。美國的經常帳逆差達到國內生產毛額的五％。當英國在二十世紀初的經常帳逆差達到六％時，其經濟也隨之崩垮。

菲力普斯的分析直接挑戰PIMCO的一個長期觀點，即熱烈期待全球化。美國製造業的「空洞化」已經助長反全球化的氣勢，膨脹的經常帳逆差也對美元不利——在論壇當時，美元對歐元和日圓都貶值——而這將波及全球各地的固定收益證券。菲力普斯在回答問題時推論，未來幾年將出現亞裔的美國學者與企業人士淨回流母國，使中國在二〇〇〇年後很可能躍居世界最強大的經濟霸權國家。菲力普斯說：「未來的霸權在亞洲，而亞洲的央行持有最多美國債券。」

菲力普斯的評論立即引發PIMCO經理人熱烈的討論，第一波意見和問題來自圍坐在會議桌的男女，主要包括公司的管理董事和其他重要主管。葛洛斯坐在會議桌首位，麥克里坐另一端。葛洛斯右邊隔幾個座位坐著PIMCO的新興市場投資組合長艾爾埃里安（Mohamed El-Erian）、PIMCO全球債券觀察員托瑪士（Lee Thomas III），和資深策略師兼抵押貸款債券專家鮑爾斯（William Powers）。緊鄰麥克里左邊的是狄爾里納斯（Chris Dialynas），他是葛洛斯的智囊團成員，也是諾貝爾經濟學獎得主休斯（Myron Scholes）的門生，率先在PIMCO建立選擇權定價與分析部門。再隔幾個位子，鮑爾斯的對面坐著布林喬夫森（John Brynjolfsson），他的冰島名字音節太多，同事於是稱他為「布林喬」，他的專長是通膨保值公債（Treasury Inflation-Protected Securities, TIP）。雖然通貨膨脹在一九九〇年代穩定下降，通膨保值公債在推出後大幅上漲，在論壇開始時漲勢仍未稍歇。但與會者很快把訊息傳給坐在會議桌兩邊學生席的其他員工，以及其他小會議室的人員。菲力普斯接受詰問一個小時，然後出席者再針對他提出的議題辯論一個小時。

菲力普斯的悲觀論調在午餐時間後，因為另一位社會批評家格瑞德（William Greder）慘淡的分析而益發凸顯。格瑞德於一九九七年寫了《全球化來了：全球資本主義的錯亂邏輯》（*One World, Ready or Not: The Manic Logic of Global Capitalism*）一書。這位前《華盛頓郵報》編輯兼專欄作家也寫過《聖殿的祕密》（*Secrets of the Temple*），和一九九二年的《誰來告訴人民：美國民主的叛徒》（*Who Will Tell The People: The Betrayal of American Democracy*），後者在柯林頓當選總統前出版，控訴美國的政治權力掮客。格瑞德發給與會者的資料是一篇標題為〈軍事全球主義〉的文章，他在文中問：「由單一國家的超強軍力統治下的世界，自由市場能逃過全球化的劫難嗎？」他的答案是否定的，而且他引述論壇主持人之一麥克里的話，證明他們的觀點一致。麥克里在他自己的《聯邦準備理事會焦點》通訊上寫道：「美國帝國主義就其定義而言，是從全球資本主義撤退，遠離看不見的市場之手，轉向一個更具支配性的、看得見的政府之拳。」

如果大政府是格瑞德文章瞄準的目標，他的批評卻集中在大企業。他宣稱大企業是「毀壞我們社會的火車頭」，他們「畏懼未來」。在社會的層面上，他們應爲以汙染物汙染地球，和以無情的貪婪汙染社會而負責。他們過去二十五年來的作法導致猖獗的消費主義（consumerism），迫使人們延長工作時間，增加每個家庭的工作人口，和累積難以負擔的個人債務水準。這對未來的意義是：美國的資本主義必須反映家庭、社區和環境的各種價值隱憂，否則當支持進步者和反動主義者爭奪經濟控制權時，將引爆社會動亂。格瑞德的論點強而有力，因爲當時正好爆發一連串企業貪婪造成的醜聞，例如，安隆和安德信（Arthur Andersen）等大企業的倒塌，世界通訊投資人蒙受慘痛損失，和英克隆創辦人琅瓚入獄等案例。不久後，紐約證交所董事會也因同意支付當時的主席鉅額薪資，而遭到各方撻伐。每一件醜聞都給了格瑞德這類批評家旺盛的火力，刺激他們探索這些事件背後的原因。增加透明度是這些批評家和債券投資人一致認同的對策。

投資人可以從論壇學習的，是葛洛斯對世界抱著廣泛、近乎哲學性的興趣與好奇。世界債券市場的走向反映投資人看法與預測的共識，關注的層面遍及世界經濟的各層面，也就是說，固定收益市場的主要參與者——包括聯邦準備理事會等各國央行、機構投資人、政府，和嘗試從退休基金賺取利潤的散戶投資人——幾乎隨時在評估和預測地球上的經濟脈動，隨時爲世界量體溫，嘗試判斷哪裡的情況會改善，或以往成功的地方未來能否繼續有好的表現。

這種共識呈現的方式，就是債券市場殖利率曲線時時刻刻的變化。美國公債及其他經濟穩定發展國家的政府債券，除了通貨膨脹之外，幾乎沒有其他風險。投資人購買不同到期日的債券價格會呈現一條曲線，顯示各市場對通貨膨脹預測的共識。同樣地，全球各地的公司債反映所有投資人對通膨風險和信用風險的觀點。當評估抵押貸款債券時，則會將提前還款等其他風險也納入考量。

論壇的第二天從上午七時開始，以退休基金保險公司（Pension-Benefit Guaranty Corporation, PBGC）總經理坎德利恩（Steve Kandarian）的演說開場。退休基金保險公司是勞工部所屬機構，專爲傳統民間退休金計畫提供保險。這個機構鮮爲人知，但坎德利恩是美國政府中最嫻熟退休金事務的人。退休金是美國最大塊的投資資產，在二〇〇二年底單是民間退休金計畫的金額就高達約三・六五八兆美元，而且退休金政策對提供退休金計畫的美國公司融資的需求，影響也最大。簡單的說，企業投入退休金的錢愈多，支應營運所需的可用資金就愈少。資本支出是經濟體極重要的一部分，一九九九年科技泡沫破滅的主因，就是電信業基礎建設支出無以爲繼的結果。

退休基金保險公司根據一九七四年的受雇人退休所得保障法（Employee Retirement Income Security Act, ERISA）設立，有近四、四〇〇萬美國人享受退休基金保險公司的福利，而且受雇人退休所得保障法對投資界的影響甚鉅。受雇人退休所得保障法設立標準，以規範財務信託業者，即受託管理投資人資金的業者。這類包括PIMCO在內的投資公司，在雇主和勞工部的監督下，受託投資退休基金的錢。PIMCO的成功有許多得感謝受雇人退休所得保障法所賜，因爲在PIMCO成立不久後，這項法案就等於政府爲PIMCO所提供的專業、獨立的資產管理作背書（今日這類退休金計畫叫401(k)，取名源自受雇人退休所得保障法中規範的章節）。

坎德利恩指出，傳統退休金計畫正逐漸式微。自一九八六年來，已有九・七萬個計畫終止，只剩三・二萬個，只有部分衰退產業的既有成熟公司仍提供這種計畫。這種保證制度本身也在掙扎圖存，在最近一個會計年度，保險計畫的赤字高達三十六億美元，遠低於一年前的盈餘七十七億美元。PBGC的營運主要不靠稅收，而是日漸減少的會員所支付的保費，因此承受巨大的財務壓力。坎德利恩說，目前PBGC積欠他們的退休金計畫三、〇〇〇億美元，必須設法創造出這些錢，甚至不惜變賣投資。坎德利恩的結論是，退休金產業景氣退潮是籠罩金融市場的另一片烏雲。

不過，悲觀的氣氛在論壇期間彌漫PIMCO會議室並不稀奇，固定收益投資只有一個目標：把錢拿回來。股票投資人夢想發財，債券投資人則擔心災難。這種差別讓固定收益投資人看到烏雲時，股票投資人看到的卻是烏雲後的艷陽。債券和股票投資人的差異根深柢固，而且股票通常吸引更多公眾注意，因此當兩個陣營意見分歧時，這種差異就益發凸顯。論壇結束六周後，麥克里在芝加哥一場投資人會議上發表看法，指出論壇中提出的若干憂慮，與他同組討論的摩根士丹利股票策略師韋恩（Myron Wien）回答：「這是我聽過最悲觀的看法。」以股票投資人爲主的觀眾對韋恩報以熱烈掌聲，投資人總是喜歡好消息。

坎德利恩之後是《金融分析師期刊》（*Financial Analysts Journal*）編輯阿諾特（Robert Arnott）。他也是職業投資人和兩家投資公司的董事長：研究關係公司

（Research Affiliates）和第一象限公司（First Quadrant）。他的專長在資產配置，並且以次級顧問的身分管理ＰＩＭＣＯ的全資產基金（All Asset Fund）。全資產基金投資在多檔ＰＩＭＣＯ基金的組合，包括StocksPlus基金和債券基金。因此他爲ＰＩＭＣＯ以及論壇提供一個不局限於債券的投資人觀點，只是這個觀點卻完全呼應論壇的悲觀論調。

雖然他偶爾投資股市，但在論壇卻與一般股市投資人不同調。「我們可能處在一個長期空頭市場的初期，而這波長期空頭可能涵蓋數個短期循環。」他說。這是個具爭議性的觀點，但聽在ＰＩＭＣＯ團隊耳裡卻十分熟悉。換句話說，股價可能進入橫向波動時間，而非像一九八二年到二〇〇〇年美國經歷的穩定攀升的長期多頭市場。阿諾特說，長期空頭市場平均長達十九年。

長期空頭市場不利股市，卻有利於債市。從過去的經驗看，股市的通膨後報酬率約七%，其中包含四．三%的股息率、一．一%的實質盈餘成長，和來自本益比擴增或溢價的一．五%。但是標準普爾指數的股息率已降至一．八%，而本益比擴增已降至零。阿諾特說，股息加上成長的趨勢暗示未來的股票報酬率只有二．九%，約與無風險的通膨保值公債相當。葛洛斯寫作這個主題已經多年，當股票和債券提供差不多的報酬率時，債券永遠優於股票，因爲其風險較低。在阿諾特演說時，PIMCO的全資產基金未持有任何股票。

如果阿諾特是向唱詩班講道，就不可能看到從會議廳各角落像雨點般打在他身上的問題。艾爾埃里安猛烈攻擊阿諾特對美國與日本經濟的比較。另一位質問者說，阿諾特太過憂慮退休所得減少的問題。葛洛斯本人評論說，阿諾特預測住宅價格下跌，不太可能在這次長期論壇的預測期間內發生。

長期論壇的特色就是PIMCO投資經理人間的對話。若以外交詞令來說，這些「坦率」的經理人不斷針鋒相對、彼此詰辯，發射統計數字有如打網球。有一度麥克里和托瑪士短兵相接，互相咆哮辯論。會議中很少發生眞正動怒的場面，但意見不合很尋常。葛洛斯在辯論中常扮演和事佬，在笑談中拆除引信；當麥克里和托瑪士交手出現空檔時，他笑著說：「保羅（麥克里），我有兩個問題問你，第一，可以分我一些你的雄性激素嗎？」

最後一位演講人是費德斯坦，他被介紹爲「下一任聯邦準備理事會主席」。聯邦準備理事會觀察在PIMCO和在任何固定收益投資公司，都是高度藝術性的工作，而有希望出任聯邦準備理事會理事的人對其祕密會議，勢必瞭如指掌。在二〇〇〇年的論壇上，普林斯頓大學經濟學家柏南克提出他對央行的觀點，不久後就被徵召出任聯邦準備理事會理事，以協助執行他的構想。

費德斯坦爲論壇帶來最豐富的閱讀資料，包括一篇論文，標題是〈謹愼的預算政策在低利率環境扮演的角色〉。預算政策與政府的貨幣政策好比一陰一陽，費德斯坦指出，聯邦政府可藉許多高度目標化的作法來刺激經濟，例如投資稅優惠措施。但他也在木頭上灑了不少水。美國的儲蓄率在一九九〇年高達八%，如今萎縮到三・六%。提高儲蓄率會減少消費者需求，而消費者需求是全球成長的主要成分。然而經濟也需要投資資本，但人口統計的趨勢卻往不利的方向發展。嬰兒潮世代屆臨退休年齡，而退休者是「不儲蓄者」——他們靠提領老本過活。另一方面，在工作人口中，也有其他阻礙成長的因素亟待注意。費德斯坦說，許多人已經失業，因爲生產力提升讓他們變成冗員。三十年前的恐怖預言——機器終將取代人力——在每一個辦公室、商店和工廠都已實現。他宣稱，這種新就業環境將在未來幾年削減四分之一美國國內生產毛額的潛力，使它減緩到一年三%。國內生產毛額本身也從生產性用途轉移到非生產性用途。權益計畫（entitlement programs）佔國內產值的比率愈來愈高：費德斯坦說，社會福利和醫療目前佔國內生產毛額的七%，到二〇三〇年將增加到一二%。

如果這些還不足以讓我們擔心，他又提出一點，經常帳逆差只會繼續擴大而非縮小。

他提出少數令人寬慰的意見之一是，美國住宅房地產市場所謂的泡沫只是幻想。美國各地穩定上漲的住宅價格引發行情已經過熱的憂慮，住宅是少數逃過衰退劫數的部門之一，而透過抵押貸款流到消費者手中的現金，是衰退相對輕微的主要原因。費德斯坦宣稱，住宅平均價格從十七萬美元上漲到二十三萬美元，完全是因爲抵押貸款利率下降，使購屋人在房價上漲中仍能繼續支付貸款。這兩個因素確實是互爲因果。

論壇的第三天也是最後一天，完全用在小組討論上，內容是討論前兩天提出的議題，以及這些議題對公司的投資組合有什麼影響。論壇名義上是諮詢性質，具體決策留給投資委員會定奪。但在現實中，所有委員會成員都坐在會議廳中，而當他們在形成討論時，公司較資淺的投資組合經理人、分析師和客戶主管提出的問題和意見，卻佔最多數（通常透過其他會議室和亞洲辦公室的麥克風提出）。如果這種與高階管理層的自由對談是美國公司的標準作風，「呆伯特」（Dilbert）就不會是排行第一的諷刺漫畫了。

葛洛斯在他的《投資展望》通訊中，簡短介紹了PIMCO的長期主題。股票投資人對這些主題的反應會像韋恩對麥克里的反應。在二〇〇〇年股市泡沫破滅、吞噬數以兆計的財富後，緊接著數年企業和個人將撤出債券市場，導致需求落後供給。企業將把錢用來支應退休金、建立儲備，藉賣出債券來降低槓桿操作——他們將節約支出。在二〇〇三年，似乎永遠不會結束的日本經濟衰退，以及歐洲的新衰退，對因爲九一一恐怖攻擊和SARS而浸濕的木頭，又灑上更多水。只要再有恐怖攻擊就能立即造成經濟災難，而戰爭和對戰爭的恐懼將帶來持續的不確定感，進而可能摧毀企業和消費者的信心。葛洛斯對國內生產毛額成長率的預測和費德斯坦一樣——只有三%。

葛洛斯的其他結論包括：中國將繼續攫取已開發世界的製造業佔有率，日本將繼續深陷不景氣，而歐洲聯盟對赤字的「穩定協定」（Stability Pact），將使歐盟經濟體無法迅速和強勁復甦。代表美國人超支的經常帳逆差佔國內生產毛額近六%，是另一個沉重的拖累因素。不過，聯邦準備理事會將贏得對抗通貨緊縮的戰爭，因此美國利率將不致跌到零。葛洛斯預測美國的通貨膨脹將穩定在二%到三%的區間，歐洲則介於一%到二%。只有日本不會有通貨膨脹，而且可能繼續陷於溫和的通貨緊縮。

在這個沒有免費午餐的世界，公債資本利得的時代（**沙拉時代**）已經結束。這不表示公債空頭市場已經來臨——葛洛斯未預測到六月到七月的大跌走勢——但它們將逃過高利率的劫難。藉把握利差和享受「下滾」（roll down）的隱藏利益——當公債每隔十二個月更接近贖回一年時，價格的神奇增值——債券投資人可以預期從高品質債券得到實質報酬。「吃沙拉的日子也許已經遠離，」他在論壇結束後寫道：「但五％在低通貨膨脹環境已經很可觀了。」通膨保值公債會繼續受歡迎。

葛洛斯預測，這波大漲的公司債行情會逐漸退潮，包括起漲早了一年的高收益公司債。但別的機會紛紛出現，尤其是殖利率高於美國公債的歐洲政府公債，和市政債券（基於多種因素，市政債券在二〇〇三年的殖利率接近公債——這表示稅後收益比公債高三分之一；市政債券收益免繳稅）。

股票投資圈裡有眾多批評葛洛斯的人，他們反駁這種看法是葛洛斯的「老王賣瓜」——促銷他持有的證券，幾乎每一家專業顧問都會這麼做；CNBC和《周遊華爾街》如果不這麼做，早就停刊、節目也下檔了。例外可以反證常軌：美國最大的共同基金公司富達投資有一條正式的政策，禁止旗下的經理人評論自己的買進和賣出。不過，身爲全國最大的股票交易商（每日交易量分別佔紐約證交所和那斯達克股市的八％到一二％），富達若透露其交易，因而推升其買進的股票價格、壓低其賣出的股票價格，那就是自打嘴巴。

所以富達並未老王賣瓜，但從這層意義看，葛洛斯也未如此。債券投資人就像老艾伯納（Li'l Abner）漫畫書裡的角色畢福史柏克（Joe Btfsplk），走路時頭頂永遠有一片飄雨的雲：他們隨時擔心發生不好的事。不過，對整體投資人來說，最有價值的資訊是正確的資訊。後來的事件證明了二〇〇三年的長期論壇對未來的預測是否正確：日本股市在二〇〇三年展開一波強勁的漲勢，時間幾乎就在論壇揭幕的第一天，因爲日本經濟經過多年的遲滯，似乎終於開始凝聚力道。當然葛洛斯的水晶球並未透露市場沙拉時代會突然結束：PIMCO的總報酬基金在七月虧損三・七五%，是歷來虧損幅度最大的一個月。不過，從基金創立以來，以及更早PIMCO還是純粹的機構投資人時，這家公司便一直超越對手，而且把它的成功歸因於善用長期思維。正如我們在後續章節要探討的內容，想向葛洛斯學習的投資人必須採用類似的長期觀點。但在我解釋投資人如何效法葛洛斯，並舉辦自己的「長期論壇」前，我將解釋債券投資的基本觀念。閱讀本書後，你將擁有葛洛斯的技巧，並用它來建立和交易債券投資組合的能力，讓我們先來一段債券市場入門。

第五章
債券三部曲

如果你熟悉股票勝於債券，請小心：債券投資是完全不同的領域，是一塊風俗習慣與規矩迥然有別的土地。你可能感到完全陌生，而且要花點時間適應。你必須調整心態，才能成爲嚴肅的債券投資人。在接下來的三章，我將解釋債券投資的基本概念，希望讓讀者熟悉債券市場的術語、理論和原則。

華爾街的古老格言已清楚指出債券和股市投資人的根本差異：股市投資人看到天空，而債券投資人看到天花板。如果你挑了一檔好股票並投資它，你就成爲這家公司的股東，雖然公司有可能倒閉，但公司若成長，你的股權也會跟著成長。你可以買一家新事業的低價股票，要是它變成另一家微軟，哇！你就變成百萬富翁了。如果是買債券，就是從事一種較單純的交易。你只是借錢給公司，並預期公司會支付你利息。你可能在公司發行一檔五年期、利息九％的債券時買入，並在五年後收回本金，外加九％的利息。

如果你想成爲嚴肅的債券投資人，就必須拋掉對投資的樂觀。「除了債券發行公司不破產外，債券持有人沒有任何利多可以期待！」ＰＩＭＣＯ合夥人兼聯邦準備理事會觀察家麥克里說。他同時也是《聯邦準備理事會觀察》月刊的作者、經濟學家；曾被《機構投資人雜誌》（*Institu Tional Investor*）六度評選爲最佳債券分析師。他目前是ＰＩＭＣＯ十位最資深的員工之一，擔任投資委員，辦公室就在葛洛斯隔壁。他是民主黨員，這在ＰＩＭＣＯ並非唯一，只是不常見，共同創辦人波禮克也是。這些人繳納的稅金多到要用運鈔車運送。葛洛斯是共和黨員，而橘郡就是加州共和黨的大本營。

他們常說，民主黨喜歡強調生活的黑暗面，而共和黨強調光明面。如果這是眞的，債券管理業應該充滿死硬派的、「懦怯的」民主黨人，因爲債券分析需要和股票分析完全相反的特質：不安、焦慮和悲觀。

「債券不會有一一○%的報酬率！」麥克里解釋：「你的最高報酬僅限於把錢拿回來。投資股票時，你有較對稱的參考架構，股票投資人傾向於強調上漲的潛力。那會刺激他的動物本能！」他說這話時豎起又濃又粗的眉毛，優詩美地・山姆（Yosemite Sam。譯註：華納卡通人物）式的鬍鬚底下一抹掩飾不了的微笑。他的語氣像佈道師談到罪惡——略帶南方腔和疾言厲色，令人想起一位浸信會的佈道師，即他的父親。

股票市場愛讀阿爾傑（Horatio Alger）描寫窮人致富的故事，而債券市場則要讀神祕詩人布雷克（William Blake）。債券的恐怖在於，當大家哭時它上漲，當大家笑時下跌。這是不要太樂觀的原因。但債券的好處是，你的投資也將免除許多風險，而且在景氣不好時，可以得到絕佳的緩衝。這一切都因爲利率。在債券市場，利率和債券價格的槓桿永遠保持平衡，一方下跌時，另一方上漲。當利率上揚時，以前發行的債券（**其利率低於新債券**）價格會下跌。在經濟景氣大好時，利率上揚，股票通常跟著上漲，而債券價格會下跌。對債券有利的時候是當利率下跌、熊市當道、股價一天比一天低時。這時候債券投資人是華爾街唯一堆滿笑容的人。

債券在二○○○年到二○○二年過了三年的好光景，股票市場則一敗塗地。而股票二○○三年開始大漲後，債券則一落千丈。兩種資產呈現兩極的表現在過去二十年並不明顯，因爲那段期間兩者都享受史無前例的多頭市場，對債券來說是始於一九八一年，而股票則始於一九八二年。這是我們一輩子不會再看到的巧合：兩類資產都因爲通貨膨脹從近代最高點跌到最低點而受益。少了這種劃時代的巧合，債券和股票的榮枯便呈兩極的走勢。大多數投資顧問建議客戶要有平衡的投資組合，兼顧股票和債券，以利用分散的好處。很少顧問建議你把一〇〇％的投資組合放在債券。不過，如果你年紀已大、需要更多收入、不能承擔太高的風險，你應該把大部分的投資組合放在債券。

除了能分散股票投資組合的風險外，債券的優點也不只限於能提供可預測的收益。葛洛斯的總報酬法能提供資本增值的機會，並兼顧資本保存的好處。這是債券新手最容易混淆的觀念。投資債券最聰明的方法似乎是買債券、持有至到期日，然後收到所有的利息支付。然而事實並非如此。雖然這種策略不必承擔太多損失的風險，卻失去可以從債券交易得到的利益。在固定收益市場，最聰明與最成功的交易者會經常買賣債券，創造許多小利潤，在一年結束時累積成可觀的報酬率。

債券指的不是一種證券，而是分成三大類。第一類是要繳稅的國內證券，包括公債、抵押貸款債券和公司債。第二類的性質與第一類相當不同，所以我們要單獨在第六章討論，包括由州和地方政府發行的免稅國內債券。這兩類債券加起來的市場規模爲十四兆美元。第三類也因爲性質不同，所以單獨在第七章討論，主要是外國債券。大多數投資人，以及贊成葛洛斯方法的人，會持有所有三類債券。幾乎所有投資人至少持有其中一種——散戶投資人最常持有的債券是國內應稅債券（如公債）。這是大家最熟悉也最常見的債券，甚至小孩的大學基金也會持有這類債券。

儘管債券投資人都希望提高總報酬率，但他們第一和最高的目標是保存資本，任何危及這個目標的因素都必須納入考慮。債券吸引投資人的原因是風險遠比股票低，在蘋果、亞馬遜和英特爾這些公司剛創立時，買它們股票的風險都高於投資債券。持有債券也可免於股票在利空衝擊時價格大跌的危險。在葛洛斯之前的傳統觀念是，股票是你賭點運氣、希望多賺一點的市場；債券則是保老本的地方，蓄存你不能冒險虧損、用來提供收入的錢。在本書的第三篇，我以葛洛斯的總報酬策略推翻這種舊說法，並建議你在債券投資組合中接受更多風險。不過，由於大多數投資人只願意把能承擔低風險的錢投在債券，所以保存資本的需求仍然是債券投資人購買特定債券時，考量各種風險因素時的第一目標。風險最高的因素依序是：通貨膨脹風險、信用風險，和流動性風險。（註1）

1 提前還款風險（prepayment risk）和股東權益風險（equity risk）這兩項重大風險，不適用於應稅債券，我們將在討論抵押貸款債券和公司債的章節中討論。

通貨膨脹風險

固定收益投資人有理由對風險很偏執，因爲他們的證券除了利息和贖回外，沒有別的報酬。這種擔心可能過頭，而且經常如此。在空頭市場的谷底，許多只投資個人退休帳戶（Individual Retirement Account, IRA）或401(k)計畫的人，因爲害怕損失更多錢而賣出所有的債券和股票，轉進貨幣市場或購買銀行定期存單。他們不知道貨幣市場無法免於一種最大的風險——損失購買力的風險。貨幣市場基金一％的報酬率在通貨膨脹接近二％時，便成了負報酬，當報稅季節來臨時，損失還會擴大。即使是短期債券也能提供通膨後和稅後的正報酬。在二〇〇三年七月三十一日截至的十年間，麥克里的PIMCO短期債券基金平均每年報酬率爲五・五六％（**相較之下，這段期間的消費者物價指數上漲二五％，相當於每年二・二四％的複合率**）。

從某個角度看，通貨膨脹風險是債券內建的風險，也就是說，殖利率必須彌補投資人的這項風險，才能找到買主，但它們只需要在發行的時候這麼做。就這層意義看，它們就像一輛新車：保證書的保證涵蓋製造商的瑕疵，但不包括損耗和損壞。債券流入大眾手中時，它們就像所有市面上流通的債券，都得承受利率變動的衝擊。利率反映通貨膨脹，以及通貨膨脹的預期，因此通貨膨脹是固定收益投資人面對的頭號風險。不像股票投資人愛聽經濟成長的消息，債券投資人歡迎任何壓抑通貨膨脹的利空消息。債券持有人偏愛通貨膨脹率下降，甚至成長率減退的環境。（註2）

本書寫到這裡時，通貨膨脹徘徊在低檔，但預期通貨膨脹上揚的心理高漲。從一九八一年到二〇〇三年年中，聯邦準備理事會專心一致剷除美國經濟的通貨膨脹根源，而且很成功——也許太成功了。目前的核心通貨膨脹率接近零。二〇〇三年春季，聯邦準備理事會宣稱這是不祥的徵兆，說零通貨膨脹是跌入通貨緊縮的前一步。日本斷斷續續出現通貨緊縮已超過十年，其經濟從世界最強盛退步到最衰微，至少在已開發國家中殿後。通貨緊縮是讓蕭條變「大」（Great）的東西，而且正如失控的通貨膨脹是助長一九二〇年代德國法西斯主義氣燄的因素，通貨緊縮對一九三〇年代的共產主義也起了相同的作用。麥克里稱它為「資本主義的野獸無法承受的負擔」：資本主義在價格無情地下跌時，便從這個裂縫崩解——因為經濟體系不像電腦，沒有可

2 這不表示債券投資人偏愛負成長率或通貨緊縮，因為這兩者對債券市場會有極不利的影響：他們喜歡正成長率、但成長遲滯或速度逐月減緩的環境。

以重新啓動的機制。

凱因斯以來的主流經濟學家都主張，只有政府支出能扭轉衰退；因此才有羅斯福的新政，和強調「爲幫浦加水」（priming the pump）的重要。在二○○三年六月，聯邦準備理事會的公開市場操作委員會（FOMC）作了一項不尋常的宣示，說對抗通貨膨脹的戰爭即將勝利，而對抗通貨緊縮的戰爭也將開始。它說：「可能性雖然很小，但不受歡迎的通貨膨脹大幅下跌的可能性，已超過通貨膨脹從目前的低水準上升的可能性。」另外，這層顧慮「在可預見的未來」將左右央行的政策。聯邦準備理事會調降已經很低的短期利率，而在此同時，恐懼通貨膨脹的投資人則大舉拋售十年期公債，使殖利率在六週內勁揚四○%。

這個例子顯示，通貨膨脹的預期如何影響債券價格，其力量遠超過眞正的利率改變。由於債券市場不斷以價格反映投資人對不同時期通貨膨脹的預期，使得情況變得更加複雜。公債是由美國政府以不同的到期日發行的；一年期、五年期和十年期公債的價格，會隨著投資人預測通貨膨脹在一年、五年和十年後的水準而波動。

如果把各種債券的利率畫成圖，連結各個點，通常會呈現向上緩升的曲線，這條曲線先是急遽上揚，然後變平滑到幾乎成爲直線。這叫殖利率曲線，也是分析新債券的殖利率受其到期日影響的基礎。正常的殖利率曲線會顯示短期與中期利率的差距，高於中期與長期的差距；其曲線隨著期間愈長也愈平滑。二〇〇三年六月聯邦準備理事會降息後，短期利率爲一%，十年期利率略超過四%，而三十年期利率超過五%。在降息之前，曲線呈現扭曲——較像一條四十五度的直線，而非曲線——各利率分別爲一・二五%、三・一%和五%。看到這種情況，葛洛斯宣稱公債市場（**也就是公債殖利率曲線**）出現泡沫；中期到期日的公債（**十年期公債**）價格偏高，殖利率被壓得太低。一波通貨膨脹的憂慮把它推回較接近正常的曲線。像這種陡峭的曲線通常意味市場認爲多頭市場已經來臨：對股票投資人是大好消息，但對債券持有人卻是「賣出」訊號。

殖利率曲線在極罕見的情況下會出現反傾斜的曲線，這時候長到期日的債券支付的利率低於短期債券的利率，例如，五年期公債或一年期公債一年的利息高於十年期公債。這種矛盾的狀況發生在悲觀的投資人陷入完全的憂慮時，他們相信利率已經跌了許多，未來幾年一定會比現在高。一些評論員相信，殖利率曲線在二〇〇一年九月十一日後可能變成反斜曲線，他們根據的理論是從那場災難重建的短期支出，將推升美國經濟和利率上揚，但經濟復甦最後會無以爲繼，反而使利率在幾年後下跌。殖利率曲線在二〇〇〇年股市最盛時呈現反斜，當時投資人發現榮景可能難再，利率很可能在隨後的幾年大幅下跌（後來證實如此）；一九八〇年雷根減稅前，殖利率曲線也呈反斜狀。

反斜的殖利率曲線被視爲市場預測衰退的明確訊號。如果曲線要從正常變成反斜，必須經過一個中間階段，曲線似乎走平或「呈丘狀」（**丘狀曲線就是中期債券利率高於短期或長期債券**）。許多人視之爲衰退的早期指標，這套理論在一九九〇年提出，直指當時的丘狀曲線預示波灣戰爭結束後的衰退。

這些不同的曲線證明，債券殖利率與投資人對通貨膨脹的預期關係十分密切。股票專家會定期「解讀」公債殖利率曲線，以判斷公債投資人（**以及整個市場**）對經濟前景的共識觀點（**見圖5.1**）。

爲了評估購買一檔債券牽涉的潛在風險，投資人不只要看他們對未來通貨膨脹的預期，還要計算債券的還本期間。這種計算可讓投資人知道購買該債券得承擔多大的利率風險。它回答了這個問題：這檔債券的價格對利率上升和下降的敏感度如何？計算雖然很複雜，但卻不可或缺。

以數學來解釋：還本期間是債券對利率變化敏感度的數學計算——債券價格的變

圖5.1　二○○三年的美國殖利率曲線

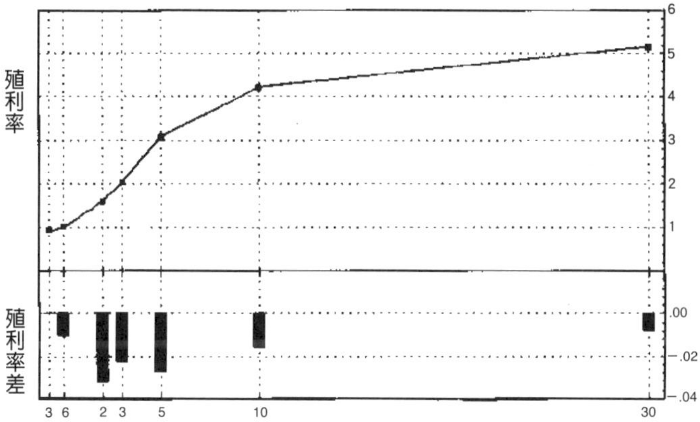

資料來源：PIMCO。

化除以利率的變化，等於還本期間。從概念上看，還本期間是到期日經過提早返還本金的調整，計算出來的數字類似於經過折扣後的目前債券價格。

當長期債券的一部分總報酬以當期利息的形式先行支付後，債券的還本期間就會縮短，而且對利率變化變得較不敏感，因爲它已經支付部分利息。一檔三十年期公債的總潛在收益，有三分之二會在頭二十年實現；當這些收益被支付時，長期公債的還本期間隨之縮短。贖回公司債和抵押貸款提前還款，也會大幅縮短它們的還本期間。不過，這個原則有一個例外——零息債券（zero-coupon bond）。有些債券直至到期日才支利息；華爾街已先拿走這些利息，轉賣給其他投資人。由於這類債券在到期前不支付利息，它們的還本期間就和到期日完全一樣。當你考慮一檔三十年期的零息公債時，就很容易了解。你不能贖回它，到期日和還本期間一樣，因爲你在這三十年期間無法獲得其經濟利益，連一部分也得不到。因此，它對利率變化的敏感度最大。換個方法思考：零息債券會給投資人的錢一個固定的報酬率。當每天的利率變化時，這個報酬率會隨著增加或減少：變得對投資人更有吸引力或更沒有吸引力（**利率與該債券的報酬率呈反向增減**）。不過，一般公債每年付息兩次；你會獲得立即和持續的經濟利益。同樣地，公債的價值在市場也隨時跟著利率的漲跌而重新計算（**藉由價格的波動**），使利率吸引力隨之增加或減少。但是由於長期債券已支付給投資人存在一段時間的利息，它對利率變化的敏感度會低於未支付任何利息的零息債券。公債的還本期間比到期日短，因爲利率的變化只影響債券總價值的一部分；對收益串流（revenue stream）的影響，小於對本金的影響。因爲已經支付大部分的利息，投資人必須計算的只有逐漸減少的未支付部分，對照目前的利率是否仍有吸引力。衡量還本期間很困難，精確的計算很複雜。必須徹底分析債券的特性，並利用電腦計算。所幸投資人現在只要參考彭博資訊，或訂閱債券價格服務，就能知道每一檔債券的還本期間。

PIMCO並未提供任何投資工具供個人參與零息債券市場，這也很正常，因爲零息債券只有兩種可能的用途，一種是支應未來會減輕的債務。在二〇〇三年七月底，你可以用四三一美元，買到二〇二〇年到期、面值一、〇〇〇美元的零息公債。不幸的是，即使你沒有收到半年支付一次的利息，也必須繳納所得稅，就像你有利息收入，所以你的經濟利得並非依照這檔公債五・〇七四六%的利率計算出來的五六九美元。因此，零息債券適合個人退休帳戶這類免稅的帳戶，而不適合一般的投資組合。儘管如此，純粹就擬訂計畫的目的來說，假設你在到期日前絕不會賣出，則零息債券有其用途。不過，這類債券流動性很低（很難交易），而且它們對利率波動極其敏感，因此短期投資的風險極高，不如把這些資金用於葛洛斯債券投資法上。

這類債券的另一用途是滿足利率投機交易者的需求。它們是還本期間最長的債券，除了利率風險外，沒有其他風險，因此對利率波動的敏感度極高。以二〇二〇年到期的零息公債爲例，價格在二〇〇二年隨著利率下跌而暴漲約二二%；更長期的二〇三〇年無息公債價格上揚則超過二九%。當價格下跌時，通常也是雙位數率的跌幅。這是固定收益界波動最極端的工具，因此與投資人保存資本的初衷距離遙遠，就像和北極熊在一個游泳池一起游泳一樣。根據對利率走向的審愼判斷投資是一回事，承擔虧損三〇%的風險作投機是另一回事；除了膽識過人的賭徒外，我們不建議隨便嘗試。

信用風險

次於利率風險一級的債券風險是信用風險（credit risk），也就是公司無法履行債券支付義務的風險。雖然在公司破產時，債券持有人的地位比普通股和優先股持有人有利，但若債券發行公司完全倒閉時，還是會有虧損的可能。公司債根據發行者的信用而分級（參考表5.1）。主要的債信評級公司有穆迪投資服務公司（Moody's Investors Service），和標準普爾公司（Standard & Poor's），兩家公司的用語略有不同。穆迪Aaa的評級等於標準普爾的AAA，其他投資等級的評級——適合大多數機構投資人如銀行信託部門投資的等級——有雙A、單A和三B。高收益債券（或垃圾債券）評級從B到C。如果一家公司得不到C的評級，就無法在市場交易，因爲其債券毫無價值。

即使是財務最穩健的最佳企業所發行最安全的債券，也可能出問題。一九九〇

表5.1　一般債券評級用語

穆迪	標準普爾	定義
		投資等級
Aaa	AAA	最高品質
Aa	AA	次於最高品質
A	A	中高等級
Baa	BBB	中級品質
		高收益等級
Ba	BB	投機級；有持續的不確定性
B	B	清償保證有疑問
Caa	CCC	低品質；有違約可能
Ca	CC	經常違約
C	C	清償保證近乎無效

註：穆迪的評級可能在字母後加數字，從1到3，代表在評級類別中品質等級：A1優於A2，A2則優於A3。

資料來源：穆迪投資服務公司、標準普爾公司。

年代的債券幾乎都是由電信公司發行的，包括信譽卓著的朗訊科技公司（Lucent Technologies）。朗訊是貝爾實驗室的母公司，也是貝爾大媽（Ma Bell）分割獨立出來的電信業者，但債券後來淪落到垃圾等級（Ba/BB等級或更低，即所謂的「垃圾」等級，或一九八〇年代惡名遠播的「高收益債券」）。最高級債券遭降級很常見。除了評級新債券外，債信評級公司也監視舊債券，並根據發行者的財務狀況加以升級或降級。

流動性風險

債券的另一風險是持有人無法在需要時出售它們的可能性，即流動性風險（liquidity risk）。正如交易量極小的股票可能很難賣出，如果你持有鮮爲人知或稀有的債券，想出售時通常必須支付較高的佣金（債券佣金通常隱藏在報價裡，所以很難發現，除非佣金非常高）。此外，和股票一樣，鮮爲人知或稀有債券的資訊較少，所以也較難研究和監視。不過，別忘了效率市場的理論，這類稀有債券往往對消息的反應遲鈍，許多專家不但不避開，反而密切注意它們，希望抓住錯誤定價的機會，以利用這種市場的低效率。但稀有債券雖然提供若干獲利的機會，專業人士會小心翼翼對待流動性不足的債券。加州橘郡在一九九〇年代因爲投資太多低流動性債券而財政破產；近年來最眾所矚目的流動性危機，就是導致長期資本管理公司（Long Term Capital Management, LTCM）倒閉的事件，這家避險基金因爲誤入知名的操盤手休斯（Myron Scholes）未曾料到的風險漩渦而遇難。

長期資本管理公司在全球各市場投資固定收益證券，利用布雷克—休斯（Black-Scholes）的選擇權理論，以電腦模型預測證券價格間可能消失的微小不對稱，從中尋找獲利機會。休斯以其理論贏得諾貝爾獎——布雷克（Fisher Blake）如果沒過世也會得獎。休斯和另一位長期資本管理公司主管莫頓（Robert Merton）一起平分這項大獎，而莫頓基本上主張他們的操作完全沒有風險。在擔任所羅門兄弟公司債券交易員期間以卓越績效（雖然有人看法不同）著稱的梅利韋勒（John Meriwether），召募這批當時媒體稱爲「世紀團隊」的人才，創立長期資本管理公司。在第一年（一九九四年）爲其投資人創造二〇%的報酬率、第二年四三%、第三年爲四一%。

不過，這家避險基金卻因流動性風險而失敗。首先是它的基本策略失誤，例子之一是該基金買進大批的二十九年公債，因爲其殖利率比三十年公債高五個基點。由於這有違邏輯，該公司便放空三十年公債以中和（neutralize）這筆交易，然後等待這五個基點消失。然而它未消失，反而出乎意料擴大爲十五個基點。不幸的是，一九九七年的亞洲危機蹂躪新興市場，以及一九九八年俄羅斯的國債違約，都是布雷克和休斯始料未及的事件。一時之間，長期資本管理公司持有的所有新興市場債券流動性全都劇減，沒有人願意買它們。讓這種艱困情勢一發不可收拾的是，據《富比世雜誌》（*Forbes*）計算，這家避險基金投資組合的槓桿操作高達驚人的二四〇倍；當面臨追繳保證金時，長期資本管理公司開始周轉不靈，無法賣出那些流動性不足的債券，以彌補二十九年公債交易和其他失誤造成的虧損。到一九九八年秋季，美國財政部和聯邦準備理事會介入處理爛攤子，花了納稅人三十六億美元。

一般固定收益投資組合的作法，不同於這類異想天開和高度槓桿操作的避險基金，債券風險通常藉由各種可得的信用工具管理。專家會買一籃不同利率、信用和流動性風險的債券，希望以較低的風險連動性來降低投資組合價值的波動。不過，平衡是基本的原則：被視爲風險較高的債券類別，必須以較高的報酬來吸引投資人。有時候這是出以較高殖利率的形式（**垃圾債券的殖利率永遠高於投資等級債券**），而如果賣出債券的人並非債券發行人，其形式就是較低的價格。可想而知，高風險的債券溢價當然比安全的債券小。這就是賺錢的機會所在：債券風險愈高，利差就愈大。

這種技術有賴投資人在投資組合中持有不同種類的債券。就應稅債券的類別來說，主要選擇有下列幾種：

公債與政府機構債券

美國公債（Treasuries，**美國財政部發行的債券**）是美國政府的債務，以其信譽和信用來作擔保，因此投資界視爲無信用風險。公債可再分爲國庫券（bill，**到期日一**

年或一年以內）、中期公債（note，到期日一年以上到十年），和長期公債（bond，到期日十年以上）。拜數十年來預算赤字所賜，加上美國政府本身的融資需求，公債大量流通於市場。政府機構債券是政府組織發行的債券，如全國政府抵押貸款協會（GNMA，或稱Ginnie Mae）。由全國政府抵押貸款協會和美國聯邦貸款金融公司等抵押貸款證券業者發行的債券，與抵押貸款債權擔保移轉證券（mortgage pass-through）有別，因爲前者是機構本身的直接債務，而非住宅所有人的債務組合。

PIMCO負責政府債券交易部的執行董事凱勒（James Keller）說，債券投資與生俱來的焦慮在今日的公債市場尤其嚴重。他說：「因爲影響力無與倫比的決策機構聯邦準備理事會，就隨時瞄準你的產品。公債在通貨膨脹上揚的環境表現往往很差。」由於公債流動性極高，而且絕無違約風險，因此只對利率風險敏感。

由於公債除了利率外別無風險，它們的管理也完全根據還本期間，以尋找殖利率曲線上最好的點。在二〇〇三年夏季，凱勒告訴我：「我們認爲曲線的中間，也就是中等的還本期間，將超越長期債券，因爲利息和資本利得加起來最有利。在目前的環境下，我們主要專注在每單位還本期間的利差，這表示要避開較長期的公債到期日。」這是子彈，而非稍早討論的啞鈴。

凱勒的意見反映出PIMCO在總報酬基金和同類機構帳戶的公債管理策略。他管理的PIMCO長期美國政府基金還本期間爲一〇・五年，必須依照該基金的方針保持在較長期端的到期日。對買進緊抱的投資人來說，這可能是不錯的基金；它年化的十年報酬率爲八・二四％，超越葛洛斯基金的七・四九％。同樣的，這種報酬率反映的是一段利率下跌的期間，因此從曲線的長期端獲益最大。未來的十年可能出現較高的利率，對長期債券較不利。

通膨保值公債

一九九七年，投資人對財政部推出通膨保值公債大爲歡迎。這種公債支付保證的報酬率，加上根據消費者物價指數計算的溢價。通膨保值公債的到期日從一年到三十年，保證的利息隨著到期日長短而提高，從短期的一％，到長期的二・八％。通膨保值公債的概念並非源自美國，加拿大、英國、以色列、紐西蘭和土耳其，更早發行通膨保值公債。

「這類債券的另一個名稱是實質報酬債券（real return bond），而且這是更有意義的名稱。」PIMCO實質報酬基金經理人布林喬夫森說。這檔基金專門投資實質報酬債券，他說：「它們的好處是方便投資人規劃五年到三十年的未來，不只是保持現在的購買力，而且可以大幅提高購買力。」

葛洛斯把通膨保值公債視為債券投資人在今日市場最值得期待的機會，不管是對專業或散戶投資人來說。除了其他特色外，通膨保值公債相對稀少，只佔總發行公債約五％。這會造成流動性風險，但由於這種公債收益較同類公債高，因此對投資人別具吸引力。此外，通膨保值公債的稅務結構也使散戶投資人較難在非個人退休帳戶之類的節稅帳戶外持有它們（支付採延遲方式，但通膨保值公債持有人每年會收到收益的稅單，對以應稅帳戶持有它們的人是一筆負擔）。（註3）不過，這種稅負問題可以善加管理，我們將在第八章更深入討論通膨保值公債。

3 通膨保值公債支付定期報酬的方式和公債相同，但「額外的」報酬部分延遲至到期後支付。不幸的是，國稅局每年會算額外報酬部分，視為你應納稅的所得。因此以一檔目前支付三％利息外加消費者物價指數的通膨保值公債來看，你每年必須繳納所得稅的部分可能是四％到五％，稅負可能相當高。所以投資人通常只在緩課稅帳戶（tax-deferred account）買通膨保值公債。

抵押貸款債權擔保移轉證券（Mortgage Pass-Through）

政府創造這類債券以提供住宅融資市場的流動性，目的是降低抵押貸款利率，而這個計畫的成功超乎任何人的想像。抵押貸款債券爲目前美國國內債券市場最大的區塊，總金額超過八兆美元。今日當一家放款機構給你一筆抵押貸款，或舊貸款的再融資時，這筆債務往往流到這個融資大池的其他人手中，而非鎖在原放款機構的保險箱。每一張抵押貸款債券反映這個大池的一小部分，眾多個別抵押貸款支付的利息和本金也是**（抵押貸款放款人的營收，通常來自與貸款有關的手續費，而非利息，因爲利息部分已移轉給他人）**。

抵押貸款債券有一個特性使它與眾不同，雖然這個特性與公司債的贖回權（call option）類似，就是提前還款風險。幾個世代前，大多數人會在同一個地方工作和儲蓄，放款機構確實也靠鎖在金庫的抵押貸款賺取收入，而無法清償債務的住宅所有人則會遭到懲罰。這種局限早已消失，而且住宅融資在二〇〇一年的衰退和日後的復甦，扮演了家庭資本主要來源的角色。管理兩檔ＰＩＭＣＯ基金**（全國政府抵押貸款協會債券基金和總報酬抵押貸款債券基金）**的西蒙（Scott Simon）對這個主題特別熟悉，在這段期間他的抵押貸款再融資共六次，每次利率都更低**（而遲鈍的本書作者只**

再融資一次）。

因此，抵押貸款債券還本期間屬於中等，爲了交易和記錄，其還本期間的計算是依據目前再融資利率爲本的公式，但可能改變它們的還本期間，而且通常是以債券持有人最不樂見的方式。如果利率正在下跌，再融資會增加，而舊的高殖利率抵押貸款債券就會退場。債券投資人會在他最不喜歡的狀況下拿回本金，因爲新抵押貸款債券的殖利率比舊債券低。如果利率上揚，情況正好相反；再融資減少，舊的低殖利率債券所佔比率將提高，降低債券的整體殖利率。在二〇〇三年夏季的六週內，雷曼兄弟總體債券指數中抵押貸款債券的還本期間，因爲抵押貸款利率提高一個百分點而從一年激增到三年。基於這種風險，抵押貸款債券有很高的利差，比公債高兩個百分點，雖然其風險仍微不足道；PIMCO也因此長期偏愛抵押貸款債券。

上述類別的債券都是純粹的收益工具，沒有股票風險（equity risk）。但有三種重要的債券類別卻有這種風險，唯其程度不盡相同。

高品質公司債

這是企業最基本的融資工具，是通用汽車和旗下的信用部門通用汽車承兌公司

（General Motors Acceptance），以及其他財星五百大企業舉債的方式。

大多數「藍籌」公司債的債信評級爲三個Ａ，因爲評級業者認爲他們償付本金或利息毫無風險。但隨著信用品質下降，投資級債券也有跌落垃圾等級的危險，投資高品質債券的基金會在這種情況發生前就斷然賣出。投資級債券上有四類信用品質：ＡＡＡ、ＡＡ、Ａ和ＢＢＢ。最低的投資級評等爲三個Ｂ，這是最可能跌爲垃圾等級的一類，但也是投資級債券中收益最高者。如前所述，葛洛斯的總報酬基金**（根據ＰＩＭＣＯ最新的投資組合報告）**七七％資產爲三個Ａ等級、有聯邦政府擔保的債券，一○％則爲三個Ｂ等級的債券。

債券的評級愈高，信用風險就愈小。發行公司的股價波動對高評級債券影響很小，因此，對股價最敏感的高品質債券是像三個Ｂ評級的債券。如果發行公司的股價重挫，投資人會因爲擔心違約而賣出他們的債券。在二○○三年夏初，ＰＩＭＣＯ投資級公司債部門共同主管基索表示：「現在是買三個Ｂ資產的好時機。」隨著美國經濟逐漸復甦，債券發行公司履行債務能力也在增強，但它們的殖利率相對仍高於新情勢所暗示應有的殖利率。另外，高品質公司債的殖利率也相對偏低。基索說：「聯邦準備理事會刺激景氣的立場十分明顯，驅使我們願意冒風險。」基索也身兼ＰＩＭＣＯ

投資級公司債基金經理人。

大體說來，按照葛洛斯的看法，公司債提供許多利差，但多得超出常理，因此也是他偶爾偏愛的工具。三個A公司債的殖利率通常比同樣到期日的公債高〇・五個百分點，三個B公司債與公債的殖利率差爲一個百分點。

可轉換證券

可轉換證券可能是股票或債券。在公司的資本結構中，可轉換債券比可轉換股票優先，因此更安全，殖利率也相對比可轉換股票低。葛洛斯根據索普的建議，特別偏愛可轉換證券，因爲它們較難分析，資訊充足的投資人因而比整體市場有優勢。

典型的可轉換債券在各方面和債券沒有兩樣，除了有一點不同，就是可轉換的性質。可轉換債券每半年支付一次利息，利率在發行時就已固定，交易在次級市場進行，價格隨著票根據面利率調整的殖利率而漲跌——如果利率下跌則價格超過面值，若上漲則低於面值。可轉換債券有各種到期日，目前PIMCO可轉換債基金的平均還本期間爲二・〇年。

可轉換的特質是一種選擇權（以約定的比率把債券轉換成發行公司的股票），本身具有經濟價值，因此可轉換債殖利率通常低於同級的一般債券。可轉換的權利通常是在債券發行幾年後才能執行，約定價格往往比目前公司股票的市價高出許多。例如，一檔價格五十元的債券可在六年後轉換成二．五股的普通股，這表示股價必須達二十元執行選擇權才有利可圖。股票現在的價格可能是十一美元。如果你認爲該公司後市看好，這段期間股價可望翻漲一倍，那麼這個選擇權就有價值，而且等待期間還可以賺取利息。

有些高品質公司發行可轉換債，但通常是自信心勝過財務體質的公司較常利用。他們的債信評級略低——PIMCO可轉換債基金投資組合裡的大多數債券評級爲一個A；七七％的持有債券評級介於雙A到三個B間——因此增加可轉換性質可以降低發行公司的利息支出。

投資可轉換債意味你對持有潛在的股票感興趣。葛洛斯不看好今日的股票價格水準，並表示他未持有任何股票——完全沒有。因此，PIMCO總報酬基金對可轉換債採取長期偏空立場。

低於投資級債券

前面談過，迪亞里納士（Chris Dialynas）說服葛洛斯拒絕藍伯特公司密爾肯推銷的垃圾債券。顧名思義，大多數債券經理人對低於投資級債券即使不完全排斥，也抱著懷疑態度。如果可轉換債的股票風險較高，垃圾債券甚至還更高。垃圾債券的發行公司通常財務不佳，不足以說服債信評等機構相信他們能履行債務至債券到期。這類公司可能有重大的營運困難，例如，產品滯銷或設備老舊。這類債券包括五個等級（**高品質債券則分四個等級**）：ＢＢ、Ｂ、ＣＣＣ、ＣＣ，和Ｃ，而從一個Ｂ起，債信評級機構就歸爲可能無法支付利息和本金的等級。三種Ｃ級的債券都是可能違約的等級，只是程度不同。

較高的風險使這類債券必須支付相對較高的利息，因此業界也稱它們爲高收益債券；「垃圾」聽起來似乎不專業。ＰＩＭＣＯ的高收益基金以這個市場爲主，而截至二〇〇三年七月三十一日，據這檔基金向證管會的報告，過去十二個月的報酬率爲七・九四％。

在撰寫本書時，ＰＩＭＣＯ對垃圾債券的立場搖擺不定，它們在所有債券中最像股票，因爲對股市有利的條件同樣也有利於發行垃圾債券的公司，使他們更有能力支付利息和本金。在二〇〇三年七月三十一日截止的十二個月，ＰＩＭＣＯ高收益債券創造二四．六一％的報酬率，原因和股市大漲一樣：經濟顯著好轉，成長的速度加快。PIMCO高收益基金經理人甘耐迪（Raymond Kenney）指出，另一個對垃圾債券有利的因素是：「高收益資產在通貨膨脹的環境表現較好。」甘耐迪也是PIMCO合夥人兼葛洛斯的投資委員會成員。他說，通貨膨脹爲這類債券的發行公司創造較高的現金流量；從某方面來看，能減輕他們的債務負擔。

在這種情況下，葛洛斯指出，垃圾債券的殖利率已從一〇％跌到八％，表示這些價值已經反映在垃圾債券的價格。「高收益債券價格已經觸頂，至少就這個循環來說。」甘耐迪說。葛洛斯在管理總報酬基金的投資組合時，對相對價值極爲敏感，而且發現今日的垃圾債券缺乏相對價值，他的基金幾乎未持有垃圾債券。

建立債券投資組合

債券投資人在建立固定收益投資組合時有無數的選擇，如果你只想淺嘗即止，不想成爲葛洛斯第二，最簡單的方法是買平衡型共同基金。平衡型基金通常有六〇％的資產是股票，和四〇%的現金與債券。葛洛斯目前看空股票，本身也未持有任何股票，因此平衡型基金違背他的建議。再者，葛洛斯自己管理PIMCO StocksPlus基金，利用期貨選擇權模仿股市和積極債券管理，以增加總報酬。StocksPlus 基金也可轉變成屬於由阿諾特管理的PIMCO全資產基金，但目前還不是，因此一個葛洛斯式的投資組合也可以包含股票。

散戶投資人投資債券的傳統方法是，直接購買個別證券。這對買美國公債（包括通膨保值公債）來說尤其容易，可直接向政府購買，無需支付佣金。不過，這些電子登錄的證券不能買賣。因此，更典型的總報酬投資人購買個別證券時，會透過經紀商或財務顧問，在次級市場買賣。各家經紀商不盡相同，我不會在經紀公司或（特別是）顧問公司開債券交易帳戶，除非他們能提供及時的研究資訊，和較低的交易成本。債券佣金都隱藏在價格裡，和明訂的股票佣金不同。如果我想直接在折扣經紀商交易（部分折扣經紀商提供絕佳的服務），我會多問幾家，以便比較他們對我感興趣債券的報價。

不過，建立有許多個別債券的投資組合並從事交易，對小帳戶並不划算；買或賣一、兩檔債券的隱藏佣金可能高達四%。葛洛斯建議固定收益投資組合至少要有五十萬美元，才能作到必要的分散和經濟規模。此外，研究個別債券比研究股票困難，因爲債券數量較多，而研究股票的顧問眾多，且理財刊物上的資訊俯拾皆是。雖然股票空頭市場讓債券報酬率超越股票，因而受到投資人青睞，但理財版編輯的「長期寵愛」仍是股票。研究債券的成本將高於研究股票，因爲顧問贊助的媒體會盡可能忽略債券。

面對這些障礙，許多債券投資人發現自己不知不覺被引導至專業管理帳戶。部分投資公司提供所謂的機構管理帳戶（institutional managed account），最低投資額只要十萬美元。這種帳戶的好處是，管理費比大眾基金低，或者手續費只略微高些，但能根據自己的需求量身打造投資組合。由於債券交易佣金隱藏在價格中，因此難以評估成本。除非處理帳戶的經紀商能合理解釋每年的總帳戶手續費，包括佣金，否則仍需保持懷疑的態度。

大眾基金又分成傳統共同基金和封閉基金，前者是開放式的投資組合，容許你根據資產淨值買賣，ＰＩＭＣＯ總報酬基金就屬這類基金。基金的好處是專業管理——這裡指的是積極式管理，雖然部分基金公司也有債券指數基金（但ＰＩＭＣＯ沒有）——以及投資組合的分散。投資共同基金很方便，且容易監看；晨星和理柏（Lipper）

等基金分析公司，追蹤債券基金的詳盡程度不下於股票基金，且報紙、雜誌、網路和公共圖書館都找得到他們的資料。

封閉基金——它們不叫「封閉共同基金」，因爲不具備共同的性質——是極爲不同的東西。它們是積極管理的投資組合，有固定的規模，買賣有如股票，大多數在紐約證交所上市。它們的價格由市場決定，雖然與資產淨值有一些關係，但常見溢價和（尤其是）折價。葛洛斯在他個人的投資組合中利用封閉基金，理由之一是經常可以用九十五美分買到一美元的價值，然後等時機好時賣出，賺取些微的差價。

封閉債券基金通常採槓桿式操作，經理人發行基金的優先股給機構投資人，並利用融資成本的利率差買更多債券，以增加投資組合的整體收益率。槓桿操作對投資組合有利有弊，當債券價格下跌時，槓桿操作對封閉基金的不利效應會擴大。

除了下一章要討論的市政債券基金外，PIMCO有五檔封閉基金，投資在垃圾債券、高品質公司債、抵押貸款債券和全球政府債券。以下是它們的簡介，資料來源眾多，包括ETFConnect.com，內容有截至二〇〇三年七月三十一日的資產淨值、股價、溢價／折價、股價殖利率（yield on share price），年化總報酬率，和溢價／折價紀錄；最近期的淨資產；二〇〇三年六月三十日止的債信品質和還本期間；以及最近月的股息。

PIMCO商業抵押貸款信託基金（代號PCM）：由鮑爾斯管理，基金資產一．四二一億美元，不採槓桿操作。平均債信品質為一個A，還本期間四．四一年。資產淨值為一二．二三美元，市價為一三．九五美元，比資產淨值溢價一四．〇六%。目前的股價殖利率率為八．〇七%。這檔基金每月支付股息九．三八美分，一年的年化報酬率為其股價的三．七三%，三年年化報酬率一五．五四%，五年年化報酬率一〇．五四%。從一九九三年推出以來，這檔基金持續出現股價比資產淨值溢價。

PIMCO公司收益基金（PCN）：由辛曼（David Hinman）管理，採槓桿操作，資產有八．二三七億美元，其中三億美元為優先股。還本期間為四．三三年，資產淨值一四．五七美元，股價則為一四．三六美元，比資產淨值折價一．四四%。目前股價殖利率為八．八八%。這檔基金每月支付股息一〇．六三美分，最近一年的年化報酬率為其股價的一六．六七%，從一九九三年推出直到二〇〇三年夏季，這檔基金都出現股價比資產淨值溢價。

PIMCO高收益基金（PHK）：由惠曼（Charles Wyman）管理，這檔基金於二〇〇三年四月推出，撰寫本書時有關的資料甚少。它每月支付股息一二．一九美分，資產淨值爲一三・八八美元，股價則爲一三・八三美元，因此折價〇・三六%。目前的股價殖利率爲一〇・五八%。

PIMCO公司機會基金（PTY）：也由辛曼管理，這檔槓桿操作基金的資產一六・二億美元，其中五・六五億美元爲優先股。它的平均債信品質爲三個B，平均還本期間則爲五・一六年。資產淨值爲一五・九二美元，股價一五・三一美元，對資產淨值折價三・八三%。在二〇〇三年八月十九日的股價殖利率爲六・四二%。這檔基金每月支付股息一三・七五美分，二〇〇二年十二月推出後，先是比資產淨值溢價，後來跌爲折價。

PIMCO策略全球政府基金（RCS）：由哈馬萊寧（Pasi Hamalainen）管理，這檔未槓桿操作的基金有三・九五三億美元資產，平均債信品質爲三個A。資產淨值爲一〇・九五美元，股價一二・一八美元，比資產淨值溢價一一・二三%。在二〇〇三年八月十四日的股價殖利率爲七・五三%。這檔基金每月支付股息七・四美分，一年的平均年化股價報酬率爲一〇・九一%，三年的平均年化報酬率爲二〇・八七%，五年則爲一三・九一%。自一九九四年推出以來，這檔基金一直保持比資產淨值溢價。

在本書出版前，巴克萊全球投資公司（Barclays Global Investors）推出一檔指數股票型基金（exchange-trade fund），名爲iShares雷曼總體債券基金（iShares Lehman Aggregate Bond Fund），代號AGG。這檔追蹤雷曼指數的基金年費用率只有〇．二％（或二十個基點）。儘管先鋒集團（Vanguard Group）在大多數投資人心目中才是指數基金專家，實際上巴克萊的規模還要更大。假設這檔基金能可靠地跟隨其基準指數，就可以用來作爲葛洛斯式總報酬債券投資組合的核心部分。

高品質國內債券正面臨不確定的未來，在聯邦準備理事會向通貨緊縮宣戰的情況下，通貨膨脹未來至少會維持溫和的水準，所以債券市場二十多年的多頭市場宣告結束，空頭市場已經開始。殖利率曲線預料在短期的未來會上揚或持續，雙位數比率的債券報酬率已成歷史。在多頭市場，擲飛鏢在《華爾街日報》的圖表就能挑中成功的投資標的。過去這份日報會定期刊登一個報告擲飛鏢結果的專欄，一直到股票空頭市場才停止。在空頭市場，隨便選擇的投資絕對行不通，挑選證券變得極其重要。對葛洛斯來說，這表示要找出可能表現最好的債券類別。他在本書倒數第二章作出大膽的預測，而如果你已讀到這裡，你應該已經知道其中的一些建議。在下一章，我們將討論免稅債券和外國債券，帶你更深入了解他精闢的見解。

第六章
免稅與節稅

免稅投資並非避險基金所使用的避稅方法；這類計畫據說是導致長期資本管理公司基金倒閉，並引發許多訴訟糾紛的原因。免稅投資也不是理財雜誌上廣告的開曼群島避稅天堂計畫；它與退休金和年金等緩課稅計畫也無關，這類緩課稅帳戶的節稅性質通常不適合投資市政債券和市政債券基金。本章討論的免稅投資指的是，利用免稅市政債券作爲投資組合的一部分。

如果你是高納稅級距的投資人，將可同時從應稅和緩課稅投資組合獲益。緩課稅組合適合公債和大多數收益性投資，而應稅投資組合適合市政債券和成長型股票。理想的組合應同時包含這兩類，投資的資金愈高愈好。

美利堅合眾國的建立始於一七七六年與大英國協的衝突，各州的代表因而在大陸會議擬訂獨立宣言。南北戰爭爆發是爲建立聯邦凌駕各州的體制，在這場戰爭中，各州和地方提供了大部分的軍費，政府支出亦傾囊而出，尤其是道路、運河、下水道與公共給水設施，和建設一個新興工業社會的一切所需。直到二十世紀，股票在形成資本上扮演相對較小的角色；在一九二六年，新發行的證券中有七五%是債券（註1）。美國是以保守著名的投資人：卡內基的投資組合幾乎全是債券，不只因為那個年代股票的規範尚未完備，也因為債券市場已經形成一個勢力龐大、葛洛斯稱為「保安委員會」的集團，會懲罰不履行債務的借款人。在整個十九世紀，美國各州和城市經常利用全球證券市場來滿足他們的財務需求：賓夕法尼亞州在內戰爆發之初就發行三〇〇萬美元的債券，用以籌措軍費，對抗類似一八六三年在蓋茨堡發生的攻擊。我們也知道，摩根世家發跡之初就是在英國發售美國各州和地方政府的債券。在歷史上不同的年代，外國投資人都曾經擁有大部分的美國市政債券。

二十世紀實施所得稅法後，情況出現變化，由於市政債券不用繳納聯邦所得稅，表示它們可用低於公債的票面利率來吸引投資人。這種聯邦政府補貼各州的作法，原意是要降低地方舉債成本，但對市政債券市場卻產生巨大的影響。對稅負不在乎的投資人，如外國人和大多數的退休基金等機構投資人，對這個市場不感興趣。根據聯邦準備理事會的資料，二〇〇二年的市政債券市場規模一・七六五兆美元，其中散戶投資人、共同基金和銀行信託部門佔七七・五%，其餘的持有人主要是商業銀行和產物保險公司。這是一個你比葛洛斯佔優勢的市場：身爲機構經理人，他對市政債券納入投資組合不感興趣，除非有極不尋常的獲利機會。在葛洛斯和其他債券大戶放棄這個市場的情況下，如果你機靈而且願意採用總報酬原則，或許可以從中獲利。

今日的市政債券市場主流不再是運河和公路債券，而是一般債務債券（general obligation bond）、教育、醫療設施、污染控制、公共衛生和水供應設施債券。在一九八六年以前，這個市場有一大部分貢獻給工業發展，但過於浮濫的發行——主要是利用免稅的特性來發行商業營建債券——促使聯邦修改稅法，不允許這類特殊的商業用途。時至今日，工業市政債券只佔市場一小部分。市政債券大部分是高品質債券，但並非全無風險。紐約市在一九七五年破產，加州橘郡也在一九九四年重蹈覆轍。在二〇〇三年，市政債券市場因爲伊利諾州的麥迪遜郡法院的判決而爲之喧騰，一位地方法官判決菸草商菲利普莫理斯公司（Philip Morris）在民事訴訟中，必須支付一〇一億美元的和解金，而這項判決可能危及菸草業與各州檢察長間的大和解協議（Master Settlement Agreement, MSA）。包括加州和新澤西州的許多州已發行市政債券，並且將

1《華爾街歷史》（*Wall Street: A History*），作者傑斯特（Charles R. Geisst），一九九七年。

以未來的三、六八五億美元大和解協議收益償付。該判決迫使加州一度擱置發行準備用來應付預算危機的二十三億美元菸草債券。另一個大和解協議的受益州維吉尼亞州，也停止發行承銷商已經定價的七．六七億美元債券，而這些債券甚至都已找到了買主。

這場菸草官司的騷動是二〇〇三年市政債券市場重挫的主因，而其他最明顯的原因是整體經濟的疲弱——就像信用風險一樣——使各州更難償付債務。一般債務債券通常有法律保障債務的履行，即使必須因此而加稅，但美國大眾普遍反對加稅，即便是自由派的俄勒岡州也未能通過加稅，同樣自由派的華盛頓州西雅圖市民，也拒絕對濃縮咖啡課徵「爪哇稅」（Java Tax）的加稅提案。投資人擔心的並不是這些州眞的會破產，而完全無法履行債券的清償，而是像第三世界岌岌可危的政府那樣，各州可以暫時拒絕支付他們所發行債券的利息。

據晨星公司統計，由於信用風險升高，市政債券基金在二〇〇三年前八個月的平均報酬率只有〇．四八％，遠低於前一年近八％的總報酬。市政債券類基金出現更差的成績只有兩次，分別是一九九四年和一九九九年各出現中個位數比率的虧損，而且短期利率逐漸上揚時。然而二〇〇三年的情況並非如此，而是菸草債券風暴和日益嚴重的州預算危機蔓延到這個侷限的市場。在歲入和就業雙雙劇減的情況下，各州為了支應醫療等法定支出，都發行了金額創新高的債券。二〇〇一年的總發行額為二、九〇〇億美元，二〇〇二年為三、五〇〇億美元。在前一個十年，平均每年的總發行額只有二、二五〇億美元。

市政債券的局限不只因為缺乏外國投資人，也是因為它的高度地方性。高稅賦的州和城市，可以藉債券減免州與地方稅、聯邦稅、所得稅的優勢，以低利率吸引投資人。新澤西州居民的市政債券所得稅最高為六・三七％，加州則為九・三％。以加州和新澤西州稅法的扣除額，兩州的居民持有市政債券最為優惠，而價格也充分反應這個優惠。一美元的完全應稅利息（例如公司債所支付的利息），扣除最高級距的聯邦稅後只剩六一・四美分。對加州納稅人來說，則只剩五二・一美分，因為加州和佛蒙特州的州所得稅最高。因此，如果其他條件相同，一檔免稅債券的收益只要有公債的六一・四％，就可以吸引全國的投資人，而在加州則只要五二・一％（由於利息可從聯邦報酬扣除，實際的邊際稅率並非聯邦稅加上地方稅，而是低於兩者相加，視免稅所得多少而定）。在現實中，市政債券收益幾乎從未這麼低過，理由之一是公債利息可從州報酬扣除；另一個原因是沒有市政債券像公債一樣完全沒有信用風險。而且並非所有市政債券購買人都屬於最高納稅級距。因此，以過去的紀錄觀之，高品質市政債券都以略低於公債的折價交易，長期債券的折價比率約在〇・八五%。所以你可以看出，市政債券經常有一點利差。

可以用簡單的公式，計算與市政債券或基金相對應的應稅債券殖利率。以一減去邊際稅率；如果是三五%級距的聯邦稅，結果就是〇・六五。以市政債券的殖利率除以這個數字，取其整數，例如四・〇〇（%），就是相對應的應稅債券殖利率。

二〇〇一年和二〇〇二年大量發行的市政債券，是利用當時穩定下降的利率趨勢。在正常情況下，也會導致市政債券的發行者贖回部分流通債券。贖回是一種提前還款的選擇權——在利率降低時把錢還給投資人的權利（當然，這時候投資人最不樂於把錢拿回來）。市政債券也利用提前新債換舊債（pre-refunding; advanced refunding）的方式贖回債券。先成立一個第三者保管帳戶以清償既有的高利息債券，然後發行足夠的新債券以購買公債來償付舊債券。新、舊債券的殖利率差，可達到降低地方政府淨債務負擔的效果——但如果公債和市政債券的殖利率相同時就無法達成此效果。提前新債換舊債是傳統的借款窗口在最壞的時候突然關閉，好處是讓債券持有人免於提前還款的風險，但因爲它強迫州政府遵守支付利息的義務，所以會使信用問題更惡化。

許多州的憲法規定不准有預算赤字，因此它們沒有聯邦政府可以維持經常帳赤字的優勢。經常帳赤字代表美國企業的總投資與美國人本身貢獻部分的差距。赤字代表資本正從外國流進美國。就像歐洲人在十九世紀協助美國興建鐵路，世界各國的公民現在也正出資發展美國的科技與生物醫學，和支應聯邦政府的預算赤字。美國公債有三分之一握在外國政府和其人民手中。不過，外國人向來遠離市政債券市場：如果沒有稅務優惠，他們沒有接受較低利息的誘因。

同樣地，大多數美國公民不買市政債券。他們主要的投資帳戶是個人退休帳戶和401(k)等緩課稅帳戶，因此不能享受市政債券提供的稅務優惠。以退休帳戶購買市政債券是愚蠢的作法，因爲所有孳息都被視爲一般所得，包括投資購買那些債券的錢。負責任的退休帳戶信託業者不會讓你犯這種錯：他們禁止你投資任何形式的市政債券，包括共同基金。市政債券適合傳統型應稅投資組合。

由於免稅債券的供給呈爆炸性成長，但需求維持穩定，資本主義那隻看不見的手便壓低它們的價格，提高它們的殖利率。這種情況促使葛洛斯爲他的個人投資組合買進市政債券，並特別推薦採用槓桿操作以提高報酬率的封閉式市政債券基金。

我在前面章節討論過，封閉基金（有時候被誤稱爲封閉式共同基金）的買賣和股票一樣——大部分在紐約證交所交易——價格由市場決定（在提供股票股資的個人退休帳戶或401(k)帳戶，你可以盡可能買封閉式市政債券基金；這類基金有三個字母的代號，就和所有在交易所掛牌的股票一樣。不過，我再說一次，最好不要買）。封閉式基金有固定的投資組合，使它們比開放式共同基金更易於管理；沒有資金流入和流出的問題。它們也有共同基金無法享有的權利，就是融資操作，以提高報酬率。曾利用新債換舊債的州級財務廳長，對這種操作應不陌生。他們賣出基金的優先股給機構投資人，接著以高於支付優先股的利率投資孳息。並非所有封閉基金都採槓桿操作，原因之一是並非所有經理人都有能力以這種方式投資獲利。不過，以充滿創意的技術（包括槓桿操作）來提高報酬率，是PIMCO的基本操作方式，而PIMCO本身就管理一系列符合葛洛斯推薦標準的封閉基金。

市場上有數百檔封閉基金，投資標的從股票到房地產等。但在固定收益基金中，只有靠槓桿操作才能讓它們可能比共同基金更具吸引力，而且根據葛洛斯的看法，在目前的市場中，市政債券封閉基金是所有封閉基金中最具吸引力者。因此雖然有許多書談論投資封閉基金，想從中獲利的最佳途徑還是市政債券。

ＰＩＭＣＯ有九檔市政債券基金：三個系列各有三檔，一個系列投資在全國性債券，兩個系列只投資州債券，包括加州和紐約（參考表6.1）。九檔債券都由同一團隊管理，由ＰＩＭＣＯ的免稅債券觀察家麥卡雷（Mark McCray）領導。各系列基金的初始投資組合是最先推出的該檔基金，其他基金則緊接著推出。例如，ＰＩＭＣＯ市政債券收益基金在二〇〇一年六月推出，市政債券收益II在第二年夏季推出，幾個月後市政債券收益III也問世。封閉基金不能接受新出資，除非是對既有股東增發新股（rights offering）這類的特殊狀況，成立類似性質的新投資組合爲一般狀況。但是編號較後的基金不只是複製前面的基金，根據二〇〇三年三月三十一日的投資組合報告，加州市政債券收益II基金的還本期間（一一・一年）比初始基金的還本期間（九・六年）長。當時市政債券收益III的還本期間爲六・八年。這類還本期間屬於「長期」範疇，與「中期」有別。

在二〇〇三年第二季底，這些基金的價格都比資產淨值溢價。溢價和折價就是封閉基金界的成與敗。共同基金一定是按資產淨值交易；它們以發行新股或贖回舊股來滿足市場的供給與需求。封閉基金不能如此，因此需求很快反映在股價上。ＰＩＭＣＯ基金的高殖利率——相當於同等應稅聯邦債券基金的約一〇％，同等應稅州債券基

表6.1 PIMCO市政債券封閉基金

基金	溢價／折價（%）	殖利率（1）	對應應稅債券殖利率%（2）
加州市政債券收益基金（PCQ）	3.29	6.27	11.26
加州市政債券收益 II（PCK）	1.82	6.69	12.01
加州市政債券收益 III（PZC）	2.96	6.58	11.81
市政債券收益基金（PMF）	4.63	6.54	10.06
市政債券收益 II（PML）	2.34	6.82	10.49
市政債券收益 III（PMX）	1.37	6.76	10.40
紐約市政債券收益基金（PNF）	5.61	6.21	10.68
紐約市政債券基金 II（PNI）	3.70	6.57	11.30
紐約市政債券基金 III（PYN）	0.34	6.55	11.26

註：溢價／折價和殖利率統計是2003年6月30日的數字。殖利率 (1) 為股價殖利率；殖利率 (2) 的對應應稅債券殖利率，以2003納稅年的最高聯邦（或州）所得稅課稅級距35%計算（加州最高稅率為9.3%，紐約6.85%）。如果投資人有較鉅額的免稅所得，實際邊際稅率可能較低，殖利率也因此較低。

資料來源：ETFConnect.com、聯邦稅務局。

金約一一%——在六月三十日那天的確高人一等，但市場信心很善變。溢價在接下來那個月降低，到七月二十五日，PIMCO加州市政債券收益基金的溢價被三．一五%的折價取代，殖利率升至七．○二%，對應同等應稅債券殖利率攀到驚人的一二．六○%。其他公司發行的封閉基金情況也一樣，而且這類基金非常多。PIMCO數十年專注於機構業務，直到晚近才跨入基金事業。許多其他綜合基金公司都有封閉市政債券基金，最著名的是約翰努文公司（John Nuveen）和百仕通公司（BlackRock）。

這麼高的殖利率令人想到垃圾債券，但這些基金投資的債券絕非垃圾：據二〇〇三年三月三十一日的報告，加州市政債券收益基金持有的債券四八％屬三個A級。麥卡雷表示，PIMCO管理市政債券基金的策略是「專注在高品質的基本服務，或一般債務債券」。即使是麥卡雷的菸草債券基金也比大多數基金保守：它們有一項超級贖回條款，會使實際的到期日從三十年或四十年縮短到十年或十二年，大大降低了它們的風險。

這並不表示槓桿操作的封閉基金都是低風險的投資：融資操作在基金上漲時是好事，在下跌時可能釀成災難。從二〇〇二年九月九日到二〇〇三年六月三十日，市政債券市場大跌時，PIMCO加州市政債券收益基金股價滑落八十美分，從一五．三五美元跌爲一四．五五美元，跌幅高達五．二％，超過在同一期間七七美分的股息。其結果是，在十個月期間，投資該基金的報酬率略低於零。因此購買槓桿操作封閉基金的時機，對報酬率的影響比投資本身的好壞還重要。

雖然PIMCO在封閉基金業有許多競爭者，但PIMCO極低的手續費是超越競爭者的部分原因。每一分手續費都會削減總報酬率，PIMCO封閉市政債券基金的總費用為資產的〇．四五％。收取更高費用的基金如果不會降低報酬率，就是被迫必須投資更高風險的證券。葛洛斯是共同基金界最堅決主張低手續費的業者，手續費影響各類型的投資甚鉅，但對報酬率只有個位數比率的固定收益界更是如此。市政債券是收益最低的債券，也最承受不起高費用率侵蝕獲利的影響。

當然，除了封閉基金外，市政債券投資人還有別的選擇，幾乎任何經紀商都能賣個別市政債券，而這也是大多數投資人持有市政債券的方式。為了降低利率波動的效應，有一套經過長期驗證的策略是買未來十年逐年到期的一組債券，到期後的債券再以新的十年期債券取代，讓階梯式的組合延續。不過，建構這種階梯式組合需要用功，因為它會把個別債券的風險加諸在所有債券上。許多市政債券有保險，但只限於本金部分——不涵蓋利息——而保險公司本身也有可能倒閉。買有保險的債券需要投資人自己多作研究，不僅要了解債券，也要了解保險公司。

債券階梯雖然簡單而優美，但卻非完美的投資平台。這種投資模式是葛洛斯總報酬法在一九七〇年代初期超越其他投資人的原因。積極管理的債券投資組合能反映經理人對市政債券市場相對優勢的判斷，進而影響現在和未來的持有內容。而且購買個別債券的組合可能成本很高，即使是表面上看不出銷售佣金的債券，也會把佣金藏在價格裡面；否則經紀商的利潤從何而來？債券中隱藏的各種手續費和佣金，可能高達價格的四%。部分證券商提供不同的帳戶計畫，以年費方式提供量身訂作的個別債券投資組合服務，最低投資額只要二十五萬美元，甚至十萬美元。不過，和投資基金一樣，手續費高低對這類帳戶的報酬率也很重要。每多支付一個百分點的手續費，總報酬就減少一個百分點。

個別證券另一個缺點是，收益流量可能較難管理——封閉債券基金也一樣，只是程度不同——除非用來消費。即使是十萬美元的債券（金額不算大的個人投資組合），一年的收益也不足以買另一檔債券。這是散戶投資人比管理數十億美元資產的葛洛斯不利的另一點。有時候你須費心計算，以不同的帳戶累積，才能確保資金全部投入債券中，否則得定期提出現金，導致資產配置扭曲。

封閉基金在這方面有點不同：PIMCO基金每月支付股息，一般債券則半年支付利息一次。但每一單位的封閉基金股票比債券便宜得多，意味孳息能較容易再度投入買更多股票。不過，這也牽涉到佣金，例如本書寫作時，當現金收益偏低，這些無法再投資的小金額收益就成了經濟學家所謂的「機會成本」。能降低這種機會成本的投資之一是傳統的共同基金，它們提供基金當時的資產淨值，自動再投資股息和其他收益分配的便利性。在大多數投資工具中，股息再投資的孳息必須繳稅，但免稅市政債券連這種孳息也可免除稅負。

共同基金本身也是一籃選擇權，但大多數機制是爲方便股東而設。例如，可隨心所欲投入和贖回資金，雖然收取佣金的基金會向投資人收取費用。購買和贖回是以資產淨值爲準。投資組合有專業經理人管理，並作徹底的分散。它們不採槓桿操作，因此在市場下跌時沒有債務的負擔。有關共同基金的資訊數量遠比封閉基金或個別債券多得多，對大多數核心固定收益投資組合裡有市政債券的散戶投資人來說，投資共同基金比封閉基金理想，因爲它們的風險較低。

ＰＩＭＣＯ經營許多類似的共同基金，但彼此各不相同，不像分成系列的封閉基金。ＰＩＭＣＯ加州中期市政債券基金在二〇〇三年三月三十一日的還本期間爲四．八年；ＰＩＭＣＯ加州長期市政債券基金還本期間爲八．〇年。其他共同基金包括ＰＩＭＣＯ市政債券基金、ＰＩＭＣＯ短還本期間市政債券收益基金，和ＰＩＭＣＯ紐約市政債券基金。和經營封閉基金一樣，ＰＩＭＣＯ跨入市政債券共同基金較晚，所有的投資組合都不到十年。不過，市場上同類的共同基金有數百檔，包括其他州的債券基金，如佛羅里達州、新澤西、賓州和北卡羅來納州。這些基金都有晨星和理柏這類公司會加以追蹤和評級，其中有許多基金也各有分析師專門作研究。網路上也有許多基金的資訊來源，其中一個最引起爭議的網站叫FundAlarm.com，經營者韋茲（Roy Weitz）是個搗蛋鬼，其他理財媒體大都報導哪些基金值得購買，他則專注在該賣哪些基金，並評選出所謂的「三個警告」（3-Alarm）基金名單。上榜的基金一年、三年和五年的績效都低於標竿。截至二〇〇三年九月三十日，沒有任何PIMCO債券基金上榜。

PIMCO投資市政債券市場正如投資其他市場一樣，主要根據公司對未來三到五年的長期觀點。麥卡雷說：「這不表示我們對每日發生的事件沒有反應。」因爲PIMCO會緊隨著中心主題交易，極力爲投資人多賺取五〇到一〇〇基點（**一個百分點**）的報酬。而PIMCO對市政債券的長期展望十分樂觀，「導致市政債券績效不佳、淪爲便宜資產類別的條件，便是我們認爲長期有利市政債券的因素。」麥卡雷說。其中較重要的因素是州財政的拮据狀況。隨著州財政惡化，PIMCO也爲市政債券投資組合極力網羅最高品質的債券，並在二〇〇三年大幅減少持有的菸草債券。儘管二〇〇一年開始的就業衰退遲未復元，廣泛的經濟復甦卻已漸漸展開，因此麥卡雷認爲整體的信用品質在未來幾年會大幅改善。支持高公債殖利率——維繫整體信用品質的關鍵——的因素之一是，預算盈餘使得公債變得相對稀少。但預算盈餘已轉變成赤字，意味政府將發行新債券，使更多市場需求獲得滿足。聯邦政府爲了對抗經濟疲軟，也極力調降短期利率。這些趨勢加起來應該會壓低市政債券殖利率，使與殖利率反向波動的市政債券價格上揚。因此PIMCO正緊抱高品質和短還本期間的市政債券投資組合，但PIMCO準備延長還本期間，並隨著信用狀況改善投入價格已跌深的債券。

市政債券共同基金的績效與兩個重要問題息息相關：管理和手續費。投資人希望得到最好的管理，和最低的手續費。幸運的是，有數百檔基金可供選擇，不只是PIMCO的基金。分析工具也不虞匱乏，我也想再推薦一次MSN Money的CNBC，因爲我爲這個網站寫共同基金專欄，它提供的研究工具一直受到《巴隆周刊》和《富比世雜誌》的好評。

聯邦準備理事會主席葛林斯班在二〇〇三年夏初震撼債券市場，明白宣示央行將容忍通貨膨脹，這意味較高的長期利率，而且市場也很快作出反應。但PIMCO的觀點是，聯邦準備理事會的擴張立場只是相對性質，目的在對抗通貨緊縮，實際上無意讓較高的借貸成本扼殺經濟復甦。「聯邦準備理事會升高利率當然會澆熄復甦的火苗。」麥卡雷說。債券發行者的體質好轉，加上寬鬆的利率控制，對市政債券就像從風雨交加走進溫室。

總結來說，當把市政債券納入投資組合時，你應該注意若干事項。考慮是否把它們納爲核心投資組合——這一點我會在第九章詳加解釋。同時，要根據交易的目的，考慮買共同基金、個別債券或封閉基金的優點。

第七章

外國債券

美國是世界最大經濟體，以近十兆美元的國內生產毛額遙遙領先其他國家。美國經濟也遠比其他已開發國家活躍，在一九九〇年代平均年國內生產毛額成長率爲三·一%，相較於英國的二·一%，以及德國、法國與日本的一·八%。

然而，其他已開發大國加起來是一個比美國大的市場。日本的國內生產毛額接近四·九兆美元，德國接近一·九兆美元，英國一·四兆美元，法國也有一·三兆美元。不難想見，這些經濟大國存在許多投資機會。對固定收益投資來說，尤其是如此。疲弱的經濟體面對降低利率的壓力甚於提高利率，因此債券價格易漲難跌。在二〇〇三年第二季，法國的國內生產毛額衰退〇·三%，是一九九三年以來最差的單季表現。歐洲目前的「病夫」德國國內生產毛額持平，部分原因是吸收前東德經濟的包袱。不過，對債券投資人來說，「歐洲硬化症」（Eurosclerosis）是機會而非危險。

日本是特例：日本的隔夜拆款利率只有〇·〇六%，近乎零。在一九九〇年代，日本幾乎沒有通貨膨脹，甚至二〇〇一年夏季的消費者物價指數還下跌〇・七％。利率如此低，使得日本幾乎沒有任何機會。另一方面，美國的成長率爲二・四％，但以歷史標準來看算是疲弱。據摩根士丹利公司的研究，從二〇〇一年秋季衰退正式結束後的七季，美國GDP成長率平均爲二・六％；但在上幾波衰退結束後的七季，國內生產毛額成長率平均卻達到五・四％。

這些就是葛洛斯擔心的幾根「濕木頭」，怕它們會阻礙聯邦準備理事會讓美國經濟通貨再膨脹，同時也會抑制其他主要經濟體的成長，使全球商務喪失動力而無法燃燒。事實上，聯邦準備理事會是世界上唯一採取擴張立場的央行。日本央行害怕通貨緊縮，直到最近仍一籌莫展。歐洲央行在二〇〇三年六月和聯邦準備理事會同步降低利率，但利率水準爲二・〇％。在英國，短期利率爲三・五％。美國宣稱對抗物價的戰爭已經勝利，但歐洲國家仍公開表示將對抗上漲的物價，他們認爲聯邦準備理事會的立場缺乏說服力。美國的通貨膨脹長期以來比歐洲大陸高〇・五到〇・七五個百分點，美國現代史上最嚴重的通貨膨脹是在一九六〇年代和一九七〇年代，但比起一九二〇年代的德國仍微不足道，當時德國人攜帶馬克不是用皮夾，而是用桶子裝。

葛洛斯指出，歐洲大陸和日本的成長存在結構性的障礙。這些經濟體成長遲滯是因爲人口老化。他們是二次大戰戰敗的一邊，而且從未出現嬰兒潮，因此未有嬰兒潮帶來的景氣繁榮。老化的人口是儲蓄者，而非支出者，他們會抑制成長。而且他們的儲蓄也不夠多：隱然成形的年金危機在美國以外的國家較嚴重。其他已開發國家比美國更不容許移民，日本尤其排外。歐洲經濟體也比美國更依賴製造業，而此時甚至連南韓的製造業工作都已流向中國。美國式的解除管制在歐洲一直無法普及，勞動市場也很僵化。在德國雇用工人形同保證終身工作，外加豐厚的退休金，因此工作機會便出口到上海和北卡羅來納州。爲了支應社會福利和失業救濟，稅負高得嚇人。經濟的機動性已僵化：美國人從聖路易跑到阿拉巴馬州找工作十分尋常，但薩丁尼亞人到巴黎求職卻不可思議。保護主義氣燄高張，雖然有世界貿易組織（Word Trade Organization, WTO）和歐洲聯盟的努力，國內產業卻受到保護而未如同熊彼得（Joseph Schumpeter）所說的「創造性破壞」（creative destruction）。當法國造船廠打造世界最大的遊輪時，工程集團亞斯通公司（Alstom）卻瀕臨破產邊緣。法國政府以三十二億美元挽救這家公司，把三一・五%的股權收歸國有（**法國法律允許的國有股權上限**）。銀行國有化在日本已經行之有年，同樣抱著準社會主義的理想，希望納稅人的錢可以在民間資本無能爲力的地方創造奇蹟。競爭力低落，尤其是在歐洲，企業在節約成本和重建財務上落後美國好幾年，而且得不到政府或歐盟在刺激景氣預算或貨幣政策上的支援。事實上，歐洲聯盟的穩定協定（Stability Pact）禁止會員國以政府赤字刺激經濟發展（理由是爲控制通貨膨脹，這個協定經常被違反，但規模遠遠不如美國的赤字）。PIMCO的馬里亞帕（Sudi Mariappa）說，英國的利率居高不下，因爲英格蘭銀行和許多歐洲的央行一樣，堅守官方設定的通貨膨脹目標。聯邦準備理事會並未公開宣示這類目標，但對通貨膨脹的趨勢也毫不放鬆。結論是，馬里亞帕說：「歐洲國家預測未來的通貨膨脹將比美國高。」

這並非全部，美元兌主要貿易夥伴貨幣的匯率貶值逾一五％，使這些國家的全球競爭力進一步下滑。經濟學家多年來已預測美元難逃貶值的命運：美國經常帳逆差已超過國內生產毛額的五％，正邁向六％；代表美國人向外國借錢的經常帳逆差如此高，主因即美元是世界的準備貨幣。美元貶值是因爲外國對美元信心下滑，如果不是外國政府刻意壓低自己的貨幣，美元貶值還會更嚴重。在二〇〇三年上半年，日本央行共買進五〇〇億美元，以阻止美元兌日圓匯價的跌勢。負責擬訂國際投資組合策略的PIMCO執行董事托瑪士說：「每天要有十億美元到二十億美元的外國資金流入美國，才足以阻止美元下跌。」他苦笑道，這種情勢不可能永遠維持下去，尤其是當

圖7.1　1960-2003年的美國經常帳餘額

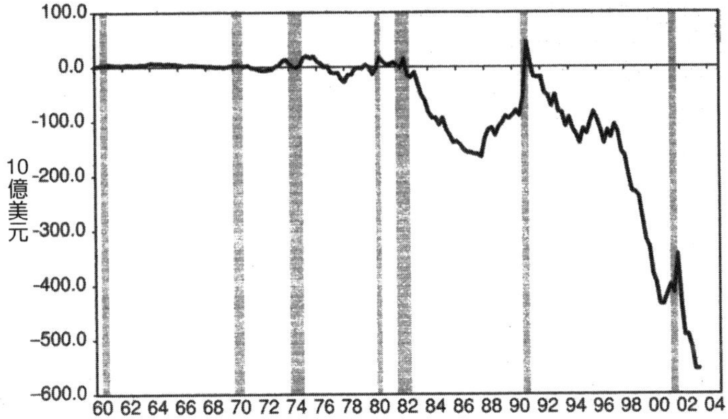

資料來源：PIMCO。

美國的證券（例如債券）隨著價格下跌而漸失吸引力時。十年期美國公債價格在六月和七月下跌一○％，而碰到行情下跌時，撤出美國公債市場的投資人最可能是外國人。流入美國的資金主要來自外國銀行，由於國內經濟情況差而找不到理想的借款人，使他們寧可把錢投資在美國市場。PIMCO認爲六月和七月的債市大跌大部分賣壓來自這類外國人，因爲賣壓集中在兩類外國人持有佔市場超過三分之一的債券（公債和機構債券）。

這些已足夠激起債券投資人的動物本能了。

固定收益世界裡烏雲蔽日就是好

天。葛洛斯認爲歐洲政府公債和一些日本公債，在未來幾年的表現將超過美國公債。他說，它們的吸引力來自本身的優勢和美元的走勢。我們將在第八章討論他最熱中的投資概念：「持有以外幣計價的國際部位」，不過ＰＩＭＣＯ總報酬基金的政策明訂要避開外匯風險，因此無法利用葛洛斯預期的美元貶值。

從基本面看，ＰＩＭＣＯ預期歐洲利率將持續下滑，而美國利率將不會再跌。利率下跌意味債券價格上漲，大多數價值集中在短期債券。例如，在二〇〇三年八月中，二年期澳洲公債的殖利率差——高於同類美國公債殖利率的差距——爲二九二個基點，五年期爲一七二個基點，十年期爲一〇二個基點。

所有歐洲主要國家的公債殖利率差都相當高，二年期德國公債爲七七個基點、義大利公債爲八三個基點、加拿大一一九個基點、英國二二六個基點。較長期公債的殖利率差縮小些：五年期德國公債殖利率差爲八個基點、義大利九個基點。十年期的加拿大、澳洲和英國公債殖利率差仍爲正，但十年期德國公債殖利率比美國低二九個基點，義大利則低十四個基點。

ＰＩＭＣＯ身爲機構投資人，有散戶投資人無法享受的一個大優勢：可以藉利率交換（interest-rate swap）的期貨合約來買外國債券，因爲合約已隱含殖利率溢價。兩年期澳洲利率交換合約包含三三〇個基點的殖利率溢價，比澳洲公債的殖利率差高出三八個基點，即八分之三個百分點。利率交換是個巨大的市場——比美國公債市場大，而且是歐洲公債市場的十倍。不過，合約最低金額通常要五〇〇萬美元，因此除了富人外，只有專業機構才有能力買賣。然而，這可以解釋PIMCO的債券基金何以能賺到更高的報酬，除了支付營運的支出外，還能給股東多一個百分點的報酬率。

利率交換市場具有讓利率正常化的功能，因此可以很方便地互相比較。比較的基準是倫敦銀行間拆放利率（London Interbank Offered Rate, LIBOR）。目前倫敦銀行間拆放利率比美國同類的利率水準略高，六個月的LIBOR爲一・一九%，一年期LIBOR爲一・四〇%，十年期則爲四・九五%。交換合約實際上等於從浮動的利率市場創造出固定利率的債券。當與債券一起操作時，可以中和利率風險。利率十年期的交換合約目前殖利率爲四・九五%，相對應的美國公債殖利率爲四・五〇%。買進公債，然後賣出交換合約。將孳息投資在六個月期LIBOR市場。以四・九五%的年率支付交換合約的買方半年一次的利息。不過，實際上從公債賺五・六九%到四・五%，並從其賺一・一九%。而所獲得溢價是因爲所有的利率風險都由你承擔——不管LIBOR是否攀升到一〇%或跌到零，交換合約買方都賺四・九五%。交換合約殖利率通常高於相對應的公債殖利率，但上述十年期的例子顯示，它們也可能是負的。買方和賣方進入利率交換市場時，他們對利率的觀點隨時在拉鋸，因爲賭錯的一方會兩面都虧損。

不過，以目前的利率水準來看，PIMCO認爲美國的散戶投資人應該願意接受外國公債的利率風險，因爲外國的利率比美國更可能下跌，因而帶給投資人資本利得。同樣的，美元對外國貨幣貶值的可能性也高於升值，所以未避險的外國債券就是投資首選。從實務上看，購買外國公債本質上就是未避險的；避險必須靠在期貨市場購買不同的證券。如果你以一、○○○英鎊買一檔英國公債，必須以目前的匯率換成美元來買，也就是一．六一美元換一英鎊。你的總投資是一、六一○美元。如果你兩年後賣出，獲利五%，亦即價格爲一、○五○英鎊；而且英鎊對美元升值了五%（這表示匯率爲一．六九美元兌一英鎊），你的回收就是一、七七四．五○美元——獲利一六四．五○美元，或一年四．九八%。此外，你每六個月會獲得該公債的利息（四．一○%），並以當時的匯率換成美元。兩年的總報酬超過九%，對一檔沒有信用風險的債券來說，這確實令人刮目相看。這不表示利率和匯率風險無足輕重，但是你接受它們，因爲你相信在兩年內英國利率和美元匯率都會下跌。如果你看錯兩者之

圖7.2　1994-2003年的英鎊兌美元匯率

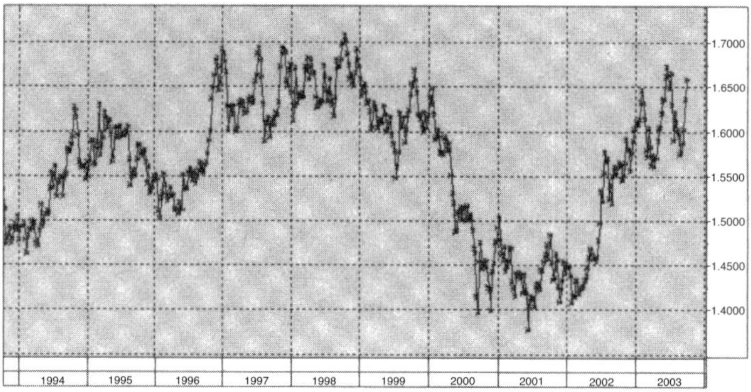

資料來源：PIMCO。

一，你仍然可以賺得比兩年期美國公債高的獲利。只有在兩者都看錯時，你才會虧損。總之，機率站在你這邊（參考圖7.2）。

即使是在市況不佳的日本，PIMCO也發現有吸引力的投資，只不過是在民間債券市場。二〇〇三年七月，這個島國的第四大銀行日聯銀行在美國發行次順位債券（subordinated debt）。日本的銀行業境況淒慘，是日本裙帶資本主義的受害者，他們在一九八〇年代帶領日本走過風光的擴張期，日本經濟在當時似乎壓倒所有大國，日本人到處收購外國不動產，日圓就像大富翁遊戲裡的玩具鈔票。美國人永遠記得日本人的兩椿大手筆投資，一椿是東岸的洛克斐勒中心，另一椿是西岸的小圓石灘高爾夫球場，兩者都以高得離譜的價格成交，而且都被美國人以大約一半的價格買回。不過，在國內，許多一九八〇年代愚蠢的不動產放款仍未註銷（以美國的標準來看已是壞帳），成為金融體系的大黑洞，規模大得無法測度。在日本人最狂妄的年代，以國內房地產交易的價格估算，全國房地產的總值甚至超過面積二十五倍大的美國。美國在一九八〇年代末期發生的儲蓄與放款危機，耗費納稅人一、三二〇億美元經過幾年才解決。人數較少的日本納稅人付出更為慘重的代價；許多日聯銀行的競爭者都被收歸國有，它們的債券投資人靠公帑才得以避免損失。

儘管有這段歷史，而且一部分也要歸功於它，日聯銀行發行的債券吸引了葛洛斯的注意。一個願意接管銀行的國家——不是沒收它們——等於是以無風險的債信地位來為銀行作擔保。此外，這批債券的殖利率比美國公債高出二八〇個基點。葛洛斯的投資委員會召喚公司的日本策略師正尙智也（音譯），為這檔債券作簡報。委員會成員無法挑出缺點以反駁它所提供的高利率。當日本Resona銀行一個月前進行再資本化（recapitalize）時，次順位債券持有人都獲得清償。另外兩家日本銀行的情況也相同。

PIMCO開始買進這檔債券，不到一個月，其他投資人也得出相同的結論，使這檔債券的殖利率差降為二五〇個基點。這不是PIMCO的大手筆投資——PIMC

○總報酬基金買進的這檔債券只佔投資組合不到○・五%。葛洛斯的大賭注通常牽涉利率之類的長期觀點。投資個別證券都經過非常周詳的分散，以隔絕整個投資組合受錯誤波及。他的投資哲學有一個原則，就是在機率對他有利時大膽採取行動。這類債券不難買到；它們的流動性很高，都是雷曼兄弟美國債券指數的成分債券。

在已開發國家陷於成長減緩的泥沼時，開發中世界卻是另一回事。中國在一九九○年代的實質國內生產毛額成長率高達驚人的每年九・八%、新加坡成長率爲七・八%、馬來西亞七・二%、南韓六・四%、智利六・三%、印度五・五%、泰國五・○%、香港四・三%、墨西哥三・六%。俄羅斯二○○二年的國內生產毛額成長六・九%。匈牙利、波蘭、捷克、墨西哥和巴西，在二○○二年的成長率都超越歐洲經濟最強的英國。開發中國家的人口都比已開發西方國家年輕，而且成長更快。長期趨勢傾向這些市場將變得更富裕。聯合國預測，歐洲的人口到二○三○年將減少五%，而德國、俄羅斯、英國和澳洲超過六十五歲的人口將超過二○%。在日本和義大利，近三○%的人口將達到老年。然而在開發中國家，人口成長快速，年輕的工人和消費者也隨之增加；其中就業成長最快的區域預料將是亞洲和拉丁美洲。較低度開發國家的人民儲蓄率也比西方人高；中國的儲蓄率高達國內生產毛額的四三%，爲全球之冠，而香港、印度、印尼、南韓和馬來西亞緊跟在後。在美國，儲蓄率只有國內生產毛額的一六%。

不過，雖然儲蓄率很高，開發中國家卻仰賴已開發國家的資本。這些趨勢呈現出，投資開發中國家的利潤高於投資已開發國家，而且利潤確實可觀。二〇〇三年八月二十一日爲止的十二個月期間，新興市場債券的價格以美元計價共上漲三〇・〇九%。

據雷曼兄弟公司統計，新興市場債券的市場規模約二、五〇〇億美元，平均到期日爲十一年，但還本期間不到六年。其殖利率約八・二%（和美國的高收益債券水準），與美國公債的平均殖利率差爲四二五個基點。當然各檔債券的殖利率差不同，阿根廷債券因爲經濟凋蔽使殖利率差高達一、四六六個基點，幾乎沒有任何交易。巴西債券二〇〇二年十月時的殖利率差超過二、〇〇〇個基點，如今縮小到六四〇個基點，因爲西方投資人發現該國左傾的總統實際上不如想像般激進。墨西哥債券殖利率差只有二二五個基點，比高品質美國公司債高不了多少。俄羅斯債券殖利率差爲二六〇個基點，泰國只有一八〇個基點，而新興歐洲國家大約爲三二〇個基點。殖利率差縮小意味債信品質改善，PIMCO首席新興市場策略師艾爾埃里安指出，整體新興市場債券的債信品質已改善到約兩個B的水準，且超過四〇%的債信品質符合投資級，包括墨西哥、波蘭、南韓、馬來西亞、智利和南非。

這些債券主要是開發中國家的主權債務（sovereign debt），在國際間發行，並以美元、歐元或日圓計價。公司債較少見，只佔總數約一〇%。民間發行公司發行股票多於債券，因爲他們的財務體質多半較弱。

這些市場的發展可以遠溯到布雷迪債券（Brady bond）的年代。以前美國財政部長布雷迪（Nicholas Brady）命名的布雷迪債券，最初是用來協助解決一九九四年墨西哥債務危機，由美國政府提供約三分之一金額的擔保。違約的風險使布雷迪債券在當時備受爭議，但後來證明不成問題；被擔保的債券都極爲成功，因爲發行國家都極力遵守貸款規定的會計準則和經濟改革計畫。拉丁美洲其他國家後來也紛紛發行布雷迪債券，使它成爲債信紀錄不佳的開發中國家，進入全球資本市場的標準方法。現在布雷迪債券已不再發行，因此只佔雷曼兄弟新興市場債券指數的一一・一六%。不過，這種債券的影響之一是，大幅提高新興市場會計與其他金融資訊的透明度，尤其是在一九九七年亞洲金融危機後更是如此。缺乏布雷迪債券是一九九七年危機蔓延的主要原因，導致當時機構投資人完全避開新興市場。不過，如今投資人已重返開發中經濟體，資金流入正在加速。

同樣的，開發中市場對外國投資的結構性阻礙也仍然存在。政治組織等機構、法律系統、金融控制和公共監督都很脆弱。艾爾埃里安說：「你必須每天監視發展狀況。」他的部屬每天早上會把報告分發給ＰＩＭＣＯ的投資組合經理人和合夥人。資金流入也不穩定，雖然和一九九七年相比較不容易被嚇走，但只要出現災難就會很快撤出。總結來看，固定收益投資人中包含葛洛斯所謂債券市場的「保安委員會」，他們會大量拋售債券以表達對政府或企業的不滿。在十九世紀要花幾個月才傳到英國投資人的美國鐵路資訊，現在會以光速送到艾爾埃里安的交易桌——和他家裡的同一套系統。尤其是對機構投資人來說，通常有部分比率的資產會投資在新興市場這個類別，而且資金只在這個類別裡流動而不流出。不過，大部分新興市場投資的決定都是伺機而作的，例如艾爾埃里安說：「投資人可以投資福特汽車，但墨西哥現在可能提供優於福特的報酬率，所以指定投資新興市場的部分，事實上比伺機而動的部分小，因此新興市場這個資產類別的投資，會受到其他競逐資金的資產類別影響。」

這些市場另一個弱點來自開發程度較高的鄰近市場。如果你對波蘭政府債券感興趣，但擔心德國疲弱的經濟，那麼波蘭會突然失去吸引力，因爲其經濟十分倚賴較爲富裕的鄰居德國。「每天我們都要作決定：先看基本面，其次是鄰近地區。」艾爾埃里安說。

艾爾埃里安投資這些市場的方法是把它們分成三個等級來檢驗，各個等級以不同的方式對總報酬作貢獻。第一級也是最大的等級，是墨西哥和南非等投資級債信的國家，政府機構的力量逐漸增強，政治風險較小。其次是他稱爲「報酬引擎」的第二級，例如阿根廷。當認爲這些國家不會出現明顯的復甦時，他會完全避開其市場。不過，當看出病患的情況有改善時，就會開始採取小金額的部位，並且隨著信心增強而增加。這是PIMCO在二〇〇二年巴西仍在加護病房時採取的方法，一直等到巴西總統明確宣布並執行政策，顯示他了解外國投資人的重要性，並願意保護他們的財產權時，PIMCO才大筆投資該國。

托瑪士近日在一篇「全球市場觀察」的專欄，寫了他「生平第一篇推薦書評」——《資本家的冒險：投資人的終極寶典》（*Adventure Capitalist: The Ultimate Road Trip*），作者羅傑斯（Jim Rogers），由藍燈書屋在二〇〇三年出版。開一輛手工打造、芥茉黃色賓士汽車的前避險基金經理人羅傑斯在書中寫道：「要找到一個經驗老到、肯花時間從頭了解外國經濟體的投資人，實在很困難。要找一個能以機智、清晰和桀實的經濟理論寫作的人，則是難上加難。」

不管是已開發市場或新興市場的外國債券，都提供總報酬投資人大好的機會。在本書最後一篇，我將解釋如何以一個債券的核心投資組合，和一個彈性投資組合來複製葛洛斯的方法。交易外國債券是為你的投資組合增加風險與報酬最容易的方法，進出外國市場是老手的遊戲，但是如果你可以組成自己的長期顧問「團隊」，隨時注意從雅典到札格拉布（Zagreb）的情勢，就可以玩葛洛斯的遊戲，並且獲得與他相同的報酬。

第三篇

王者攻略

第八章
如何規劃未來五年的投資

葛洛斯在從賭桌到高科技世界的債券交易，所展現的天分就是了解、量化和操控風險。正如你從前面章節學到的，葛洛斯把世界上發生的趨勢區分爲循環性與長期性的現象，並以深入、細密的方法，探索影響債券世界的種種循環性與長期的因素：利率風險、信用風險、流動性風險、匯率風險、提前還款風險，以及其他能左右債券價格的所有風險。葛洛斯努力做的就是計算循環與長期因素如何影響所有這些變數。由於循環因素往往無法預期，他把大部分時間花在預期長期趨勢上，並分析它們會不會減少或增加所有決定債券價格的風險。

在本章，我將告訴讀者如何像葛洛斯般思考、如何預期和預測長期趨勢，以及如何利用這些趨勢來交易債券投資組合。在我們討論如何發展自己的長期分析和總報酬策略前，我想先透露葛洛斯對當前趨勢的看法。身爲本書讀者的你，將有機會親炙如此珍貴的資訊：葛洛斯最新的長期分析，和他在二〇〇三年秋季據以交易債券的思維。我有幸在二〇〇三年和他相處一段時間，蒐集他對債券市場未來動態的看法。那麼，他對未來五年支配信用市場的長期因素採取何種觀點，又有何預測？

在揭露葛洛斯的想法前，我應該提醒讀者，我訪問他和本書出版這段期間，新出現的資訊可能不支持他當時的看法。不過，葛洛斯一定覺得這絲毫也不奇怪，這是經驗老到的債券投資人必須持續注意並參與世界的原因——總報酬交易並不是讓你可以擬訂五年計畫、維持不變，然後就能勝出的領域。儘管如此，葛洛斯仍因獨具慧眼而聞名世界，就像頂尖的時裝設計師可以從紐約人穿著的方式，看出未來時裝的趨勢，葛洛斯也可以看出世界經濟的波動模式和未來幾年的變化。如果你希望像葛洛斯那樣掌握債券市場的機會，就必須自己培養這種慧眼，並在情勢一改變時就修改你的長期分析。你必須跟上大量流動的資訊，定期修正看法，並評估未來會改變經濟的長期趨勢。

債券天王的觀點

葛洛斯蒐集並應用在他投資組合的資訊，已演變出若干廣泛的長期趨勢，整體來說，它們反映二〇〇三年夏季的美國公債泡沫破滅已終結二十多年的多頭市場。投資人把債券多頭市場視爲理所當然，但這個多頭市場已成爲歷史。在這個多頭市場剛開始時，公債殖利率爲一五・五％，住宅抵押貸款利率也高達一七％。但現在的公債殖利率低於五％，抵押貸款爲六％。這種利率是兩個世代前的水準，而要重演這段歷史恐怕得花上幾十年。

包括聯邦準備理事會和歐洲央行等中央銀行，已發展出能預防通貨膨脹失控的政策武器，雖然聯邦準備理事會目前似乎鼓勵通貨膨脹，但其目標是溫和的物價上漲。葛洛斯估計，美國的通貨膨脹未來五年可能達到平均三％，高於過去五年低於二％的水準。葛洛斯指出：「這不表示債券市場已來到世界末日，這也不表示一九七〇年代債券被稱作『充公券』的歷史會重演。」不過重點是，決定債券市場的是利率的方向而非利率的絕對水準。一九八〇年代和一九九〇年代的利率方向是下降，現在則是攀升。

利率趨勢升高是因爲聯邦準備理事會鑑於日本對抗通貨緊縮徒勞無功的教訓，把政策立場作了前所未見的調整。葛洛斯說：「央行總是視通貨膨脹爲敵人，但在當前的情況下，聯邦準備理事會卻以通貨再膨脹（reflation）爲目標，央行把通貨再膨脹當作核心目標十分奇特，對我來說，這表示債券多頭市場已經終結。」葛洛斯相信，十年期美國公債殖利率突然從二〇〇三年六月的三・一一%，漲到七月底四・四一%，這個趨勢可能持續到二〇〇四年，達到五%或更高。但他不擔心利率升至超過這個範圍，因爲他認爲「通貨再膨脹未來的發展如何尚難逆料」。

根據葛洛斯的觀點，通貨再膨脹的障礙是，目前世界經濟的「濕木頭」壓抑整體物價下跌。以中國和印度爲代表的全球競爭，仍然是一股強大的通貨緊縮力量。高水準的民間和公共債務——包括美國目前一年超過四、〇〇〇億美元的聯邦預算赤字——都對支出帶來沉重壓力，葛洛斯說：「就像歌手田納西・厄尼・福特（Tennesse Ernie Ford）唱的『十六噸』。」人口統計趨勢以兩種重要的方式加重這些負擔，第一，嬰兒潮世代已減少購買時髦的汽車，而把錢存進他們的退休帳戶，導致消費者支出減少。第二，開發中國家的人口老化對退休金制度帶來沉重壓力，尤其是在歐洲；例如在義大利五〇歲就可以退休，並且可以領取九〇%的退休俸。政治人物甚至不願承認這些趨勢，只因爲選民不重視；德國則嚴重到部分倡議者主張改變投票制度，讓兒童也有選票，可由他們的父母代爲投票，以便讓有工作的年輕選民可以在投票時，與拒絕改變退休金制度的退休者抗衡。確實，在歐洲有許多抗議退休福利的罷工，並推翻政治領導人的例子。在美國，國會和布希總統也因爲是否授予退休者幾乎免費的處方藥，而爭論不休。葛洛斯警告說：「聯邦準備理事會和揹著龐大預算赤字的聯邦政府，能否成功地讓美國經濟通貨再膨脹還在未定之天。」轉強的經濟、擴增的企業獲利、降低的失業率，以及「這些福利帶來的選票，並不保證最後的通貨膨脹之火一定溫和，而非熊熊烈燄」。

葛洛斯也相信，美元的走勢會給美國債券帶來隱藏的風險。多年來美元對英鎊、歐元和日圓表現相對強勢，外國投資人藉購買大量的美國債券來利用強勢的美元。目前外國投資人持有三五%的流通美國公債，和二三%的美國公司債。美元不是他們唯一的動機，除了利率風險外，美國公債被全球投資人視爲零風險，而美國的利率雖然以歷史標準來看相當低，卻高於其他已開發國家，尤其是日本。雖然美國企業近來鬧出許多醜聞，但獲利能力仍然高居世界之冠。不過，匯率風險仍然是一大隱憂，在歐元和日圓兌美元匯價以雙位數比率升值的情況下，外國投資人的風險愈來愈高。如果他們拋售美國債券，對市場可能造成重大衝擊。甚至不必放棄美國公司就能規避這種風險：通用汽車在歐洲發售債券，本金和利息都以歐元計價。

ＰＩＭＣＯ的投資委員會最近要求公司的外國債券部門，調查某些海外發行的通用汽車債券，結果ＰＩＭＣＯ決定賣出通用美國債券、買進通用歐洲債券。外國債券部馬里亞帕說，ＰＩＭＣＯ因為轉進通用汽車歐洲債券而賺到「約三十五到五十個基點」，主要原因是通用汽車債券在歐洲流動性低於美國。歐元或日圓投資人可能得到相同的結論，因為只要想到歐洲利率上漲的可能性將低於美國（理由是歐洲經濟復甦較慢），或者美元將進一步貶值，就可能選擇撤出美國市場（至少撤出一部分）。賣出美國債券的立即效應是美國公債需求減少，價格也隨之下跌。

這些趨勢都支持應該採取比五年前更具防衛性的固定收益投資組合，雖然還不到世界末日的程度。投資報酬率在空頭市場得來不易，並不表示投資人無法從中獲得可觀的獲利。李佛摩在八〇年前談論股票市場的話，可以用來形容今日的債券市場，他說：「即使是世界大戰也阻止不了股票市場在利多環境下變成多頭市場，或利空環境下變成空頭市場。想賺錢的人必須做的就是衡估環境。」這正是葛洛斯的長處。他說，他預測的通貨膨脹「並不會高到債券投資人應該完全轉進現金，或把主力資金完全擺在防衛上。我想他們仍然有必要作一些較積極的投資，才能夠達陣得分。你需要一些平衡。」

葛洛斯推薦一套六個重點的策略，用以因應新的債券市場環境。他的目標是獲得較高的總報酬，超越你從單一債券投資所能創造的獲利，同時不必承擔高於環境本身的風險。例如，他並不推薦高收益公司債，因爲這類債券的殖利率在二〇〇二年已大幅滑落，原因是市場認爲現在的垃圾債券風險已比以前低；在經濟衰退和空頭市場的違約率已從雙位數比率，降到今日不到六％，而且公司財務體質日趨穩健而不再成爲負擔。葛洛斯從報酬的相對關係來看風險；他認爲垃圾債券殖利率一〇・五％太高，因此他偏向買方；八％他認爲太低，所以他會賣出。葛洛斯遊走於債券市場就像聰明的購物者光顧超級市場，所有東西都在打折促銷。

抗老配方

當利率穩定下降時，持有長還本期間債券的風險會逐漸降低；反之利率上揚時，風險則提高。葛洛斯已把他投資組合的還本期間從六、七年縮短爲四、五年（**他投資組合的平均還本期間是特意設計的**）。在利率上揚的時候，長還本期間的債券會比短還本期間的債券，承擔更大的價格下跌風險。

縮短還本期間意味接受較低的殖利率。這對依賴債券投資組合支應生活開銷的投資人尤其重要；現實冷酷，但卻無可奈何。利率上揚時，二十年期債券價格跌幅會比三十年期小；十年期跌幅還更小。專業人士必須每天計算持有債券的市價，散戶投資人無需如此，但葛洛斯管理債券的方法是不讓資本閒置，或假裝虧損只是「帳面損失」。如果你在二〇〇〇年不肯賣出在一九九九年買進的網路股，你可以避免「帳面損失」，但這種損失到二〇〇一年更大，二〇〇二年又更大。避免帳面損失可能帶來更大的實質損失。債券不會像網路股那樣下跌，但還是會跌。短期債券在未來幾年會比長期債券具保護資本的能力。長期債券較高的利息會被資本利得損失吃掉。

十年期公債目前殖利率約四．五%，而根據葛洛斯的估計，未來幾年上漲不會超過五%許多。在低通貨膨脹的世界，這不但可以保護資本，還足以帶來資本增值。五%仍低於一九九七年的六%，而在低通貨膨脹的情況下，這確實是固定收益投資組合的好條件，比過去二十年多頭市場時的利率正常多了。

圖8.1　1994-2003年的美國公債殖利率

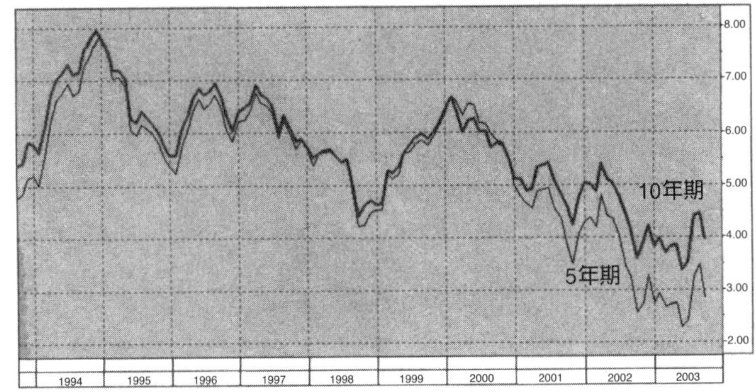

資料來源：PIMCO。

有趣的是，葛洛斯仍堅守中期還本期間的債券，而非完全投入最短還本期間的債券。爲什麼？他不相信通貨膨脹會漲到那麼高。利率會上揚，但不會那麼高，因此他偏愛中還本期間債券（參考圖8.1）。

靠通膨保值公債生活

布林喬夫森管理ＰＩＭＣＯ實質報酬基金，是通膨保值公債（ＴＩＰ）專家。他說，ＴＩＰ六年前推出時，市場對通貨膨脹完全無所畏懼，因此ＴＩＰ未引起很多注意，在次級市場的交易價格實際上低於面值。十年期通膨保值公債的當期保證報酬爲

二．二五％，外加當期通貨膨脹率，使交易的實質殖利率為四％。到二○○○年股市大幅下跌時，投資人開始搶購該年發行的ＴＩＰ，此後便愈來愈受歡迎，使它們的實質報酬率回升到保證的水準。「通貨膨脹下跌、股票市場價格下跌，以及債券殖利率下跌，讓嬰兒潮世代突然發現他們退休的目標應該是：確保當前投資組合的實質報酬。」他說。

葛洛斯認為ＴＩＰ是未來五年最好的一種債券，它們專為總報酬投資人而設計，而不適合追求殖利率的投資人（在加拿大，他們稱之為實質報酬債券）。通膨保值公債的保證（或核心）收益是以當期收益的方式支付，通貨膨脹的調整是針對公債的本金價值，隨著未調整的美國城市平均全體消費者物價指數（CPI-U）而增加，該指數是更廣泛的消費者物價指數的一部分，每月由勞工部勞工統計局發布一次。本金隨著指數上漲而每半年增值一次；換句話說，債券的本金價值會增加。第一檔發售的ＴＩＰ將在二○○七年到期，每投資一、○○○美元現在（二○○三年）的總增值為一、一六○美元。如果發生不可能發生的零通貨膨脹，或通貨緊縮真的讓消費者物價指數下跌，這些債券到期時本金仍以面值計算。因此，ＴＩＰ投資人保證可以獲得超過通貨膨脹的總報酬，也就是購買力會增加，而不只是保護購買力免遭侵蝕。

不過，TIP有稅負上的缺點，其收益雖然反映在本金增值，卻必須按年課稅。這對熟悉共同基金股利再投資模式的投資人來說，是很討厭的事。基金通常在十二月發放利得給持股人，以避免自己必須繳稅（少數股票基金則因虧損，可供多年課稅減免之用，也算是空頭熊市的一點點安慰）。不過，即使是再投資的股息，也都是應稅所得。

避免這種稅負最輕鬆的方法，是在緩課稅帳戶，例如，個人退休帳戶或401(k)帳戶中持有TIP。除了免稅債券外，這些帳戶確實是所有會創造收益的投資最理想的歸宿。不過，從實務面看，這個缺點是兩位德州科技大學財政學教授所說的「與傳統美國公債微不足道的差異」。海恩（Scott Hein）和墨瑟（Jeffrey Mercer）在二〇〇三年發表一篇有關此主題的論文，他們發現「TIP的稅後殖利率通常和傳統公債相當，甚至更高」。

此外，雖然持有TIP期間必須繳稅，贖回TIP時本金的增值部分卻不必再繳稅。除了一般收益外，投資人並沒有資本利得，因爲發生的利息是屬於前者。

PIMCO實質報酬基金的投資人，各期都會獲得收益，因爲共同基金從不到期，因此發生的利息變成實質收益，反映在每個交易日各檔債券的市場價格。

以抵押貸款債券投資未來

雖然抵押貸款債權擔保移轉債券對利率特別敏感，葛洛斯和PIMCO對這類債券卻情有獨鍾。他六年前就在自己的書中特別推薦它，現在他再度向我推薦。

正如第五章的解釋，抵押貸款債券有中等的還本期間；低利率鼓勵屋主再融資，會縮短還本期間，而高利率會讓他們抱住貸款，因而延長期間——這兩種反應都發生在對債券持有人最不利的時候，他們不想在利率下跌時贖回，卻希望利率上揚時贖回。因此，它們違背在債券空頭市場以縮短還本期間作爲防衛措施的原則。

不過，抵押貸款債券有一種結構性的特色，足以彌補這項缺憾，條件是葛洛斯認爲的利息未來幾年只會溫和上揚。他說：「住宅主人願意支付比同級公債和機構債券高二個百分點的利率，這額外的二％足以彌補屋主擁有贖回選擇的缺點。」從抵押貸款債權擔保移轉債券推出三十年來（第一檔全國政府抵押貸款協會債券在一九七三年發行），它們的報酬率一直大幅超越同級公債和機構債券。（見圖8.2）

抵押貸款債券是美國最大、最流通的債券種類，因此是最容易購買的債券。但它們也最複雜，因爲提前還款的特色和其他選擇權會改變這種債券的風險結構。PIM

圖8.2　2002-2003年抵押貸款債券和信用的比較

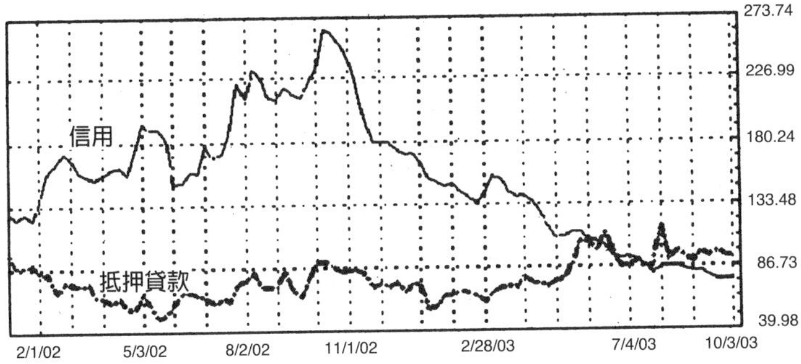

資料來源：PIMCO。

CO能從這類債券賺取額外的報酬，是利用散戶投資人很難成功模仿的下滾（roll-down）等衍生策略。因此，共同基金是參與抵押貸款債券市場特別有效率的方法。

購買布魯克林大橋

第六章解釋過，市政債券現在特別有吸引力，而且葛洛斯的長期觀點也看好它們。他說：「在空頭市場，市政債券向來是絕佳的防衛策略，它們的價格下跌比公債和公司債慢。」

州和地方政府在艱困時期的財政可能惡化——從加州的例子可見一斑，債信幾乎淪爲垃圾級。但這種情況很少見，許多市政債券直接與地區基礎建設有關——例如，收費公路、橋樑、工業園區和汙水處理廠——它們不會因爲經濟衰退而消失。一般債務債券包含要求發行者採取一切必要手段——甚至加稅——以確保完全清償債券的條款。「除了加州外，這是一種絕佳的債券。」

總報酬投資人應該對封閉式市政債券基金特別感興趣，葛洛斯投資的市政債券都是透過這類基金。我們在第六章也曾討論過，這類基金都採用槓桿操作，而讀者應該了解採用槓桿操作的債券投資組合會增長其還本期間。這不表示基金都購買長期債券，而是說槓桿操作會增加投資組合的利率風險。

PIMCO的封閉式市政債券基金平均的槓桿操作比率是，每借貸一美元的資金，相對就有兩美元的投資人資金。例如，PIMCO市政債券收益基金的投資人資產爲三億三、七七○萬美元，而借貸的資產爲兩億美元；槓桿操作佔基金總資產的三七%。這種作法的目的是增加投資組合的總報酬。PIMCO以商業本票利率借貸，目前約一%，然後利用這些錢買利率四．五%到五%的債券，約等於公債的票面利率**（正如第六章的解釋，市政債券殖利率通常比公債殖利率低約一五%，但目前兩者幾乎沒有差距）**。PIMCO市政債券收益基金在本書寫作時的報酬率略高於七%，這要

圖8.3 PIMCO市政債券收益基金推出以來的價格圖

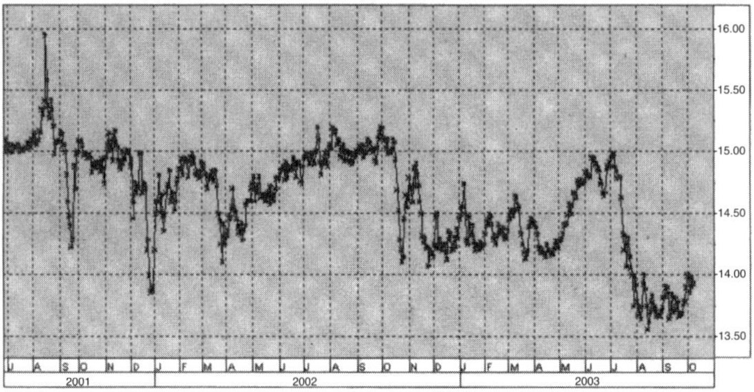

資料來源：PIMCO。

歸功於槓桿操作購買額外債券的高利息。不過，基金也付出代價，投資組合的還本期間相對延長，就這檔基金來說延長到九・六七年。

此外，封閉基金以市價交易，而非資產淨值；PIMCO的市政債券封閉基金都以溢價交易，但投資人若改變看法而拋售這類基金，也可能使其價格變成折價。因此封閉基金投資人必須謹慎管理，有如看待個別債券一般。雖然封閉基金投資債券，但交易方式卻像股票（**參考圖8.3**）。

在海的那邊

在聯邦準備理事會有意讓美國經濟通貨再膨脹的情況下，美元匯價可能承受比歐元和日圓等其他主要貨幣更大的下跌壓力。葛洛斯指出：「投資人可能想避免美元貶值的風險，因爲那是通貨膨脹的後果之一。」這種看法對投資其他已開發國家的債券是利多，尤其是德國公債。德國公債是一個規模很大、流動性高的市場：全球交易最活絡的債券期貨合約在法蘭克福掛牌交易，就是德國公債。

除了利率接近零的日本外，外國政府債券提供比美國公債更吸引人的殖利率。以德國公債殖利率爲例，目前比同級美國公債殖利率低約二十五個基點，原因是歐洲央行在二〇〇三年稍早調降利率，之前它們的殖利率比美國公債高出五十個基點。歐洲面臨利率下降的壓力，因爲經濟的彈性不及美國，使歐洲從二〇〇一年開始的全球衰退中復甦的速度較慢。然而，殖利率下跌意味債券價格上揚，而葛洛斯預期歐洲政府債券在未來幾年，將比美國公債更能提供對本金的保護。

除此之外，還有匯率的操作。如果美元未走貶，投資外國債券將可獲得利息和利率降低所帶來的利得。不過，如果美元貶值，持有這些債券的美國投資人將可把這些

圖8.4　1994-2003年德國公債與美國公債之比較

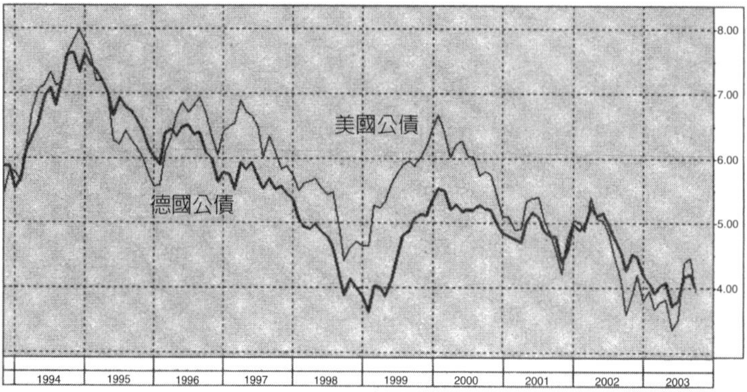

資料來源：PIMCO。

報酬兌換成更多美元。美元若貶值五％，對拿美元投資歐洲債券的投資人就是多五％的報酬率。德國不是葛洛斯發現唯一有利可圖的外國政府債券市場，英國債券提供的實質報酬在已開發國家中最高，而ＰＩＭＣＯ也已經買進。

ＰＩＭＣＯ總報酬基金的政策規定，不得投資非美元計價的債券，這表示該基金不能採用葛洛斯贊成的投資組合操作法。葛洛斯通常反對操作匯率，但就當前情況來說，他覺得長期趨勢強到投資人應該善加利用，即使他的共同基金不能這麼做。

圖8.5　自歐元問世以來兌美元匯價

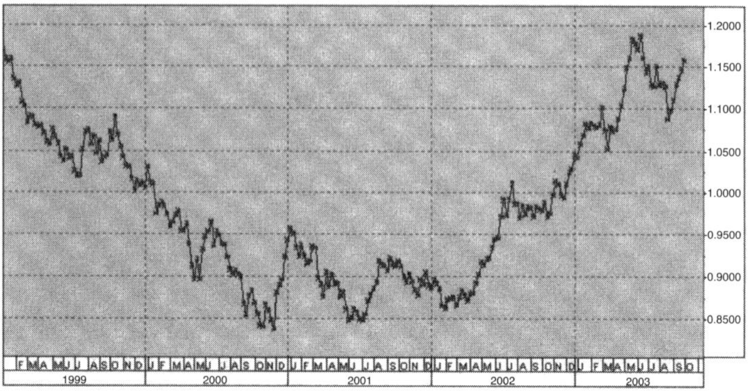

資料來源：PIMCO。

更遠的地方

葛洛斯推薦「只投資一點點」高品質新興市場債券。「不要很多，只要足夠提高投資組合的收益一點點。」在目前的環境下，他並不想冒太高的風險。他引用男性髮膠「布來爾克寧」（Brylcreem）的廣告詞說：「在這時候，只要輕輕抹一點就夠了。」

最近幾年來，投資人只要輕抹一點新興市場，就能爲固定收益製造神奇的效果。艾爾埃里安管理的PIMCO新興市場債券基金，在二〇〇三年七月三十一日止的五年間，創造平均一六．五一％的年報酬率；二〇〇三年頭七個月漲幅則爲一七．一九％。該基金的績效居同類基金之冠，也是所有固定收益類別中最高者，唯一的例外是一檔叫「美國世紀二〇二〇年目標滿期」（American Century Target Maturity 2020）的零息公債基金。前面已經解釋過，在這種環境下，長期零息債券基金是葛洛斯認爲未來五年極差的選擇。

新興市場在一九九〇年代末期經歷一段可怕的時期，從泰國到俄羅斯的新興經濟體全都捲入風暴。部分國家持續受到地方政治影響，對第一世界投資人採取敵視態度，其中以委內瑞拉最嚴重。不過全球主義也展現效果，最顯著的例子是巴西。巴西現任總統曾是民粹主義者，但上任後實施鼓勵外國投資和保護財產權的政策。巴西公債在阿根廷—委內瑞拉危機最艱困時，殖利率超過美國公債一、五〇〇個基點，後來才縮小到六四〇個基點。墨西哥和俄羅斯也展現成功紀錄，因而吸引不少國外資金。從已開發國家流入開發中國家的資金愈來愈多，推升這些市場的證券價格上揚，但這種資金流入完全被實質經濟報酬的前景所吸引。

和葛洛斯一樣，艾爾埃里安會區分「雜音」和基本面。對開發中市場來說，雜音通常是動盪的地方政治。新興國家的基本面正在改善，而在像俄羅斯這類國家，剛萌芽的民主往往製造許多雜音，但這對投資人來說反而是安心多於憂慮。

投資新興國家債券（**大多數是政府的主權債券，雖然也有民間債券**）完全講求報酬率，因爲大部分獲利來自資本利得。這個市場的平均殖利率約八．五％，只佔總報酬率的一半。

葛洛斯建議投資人利用專業管理的投資組合，作爲新興市場的入門，因爲當地發生的事件可能還未傳到美國就已影響到債券行情。例如，俄羅斯債券最近出現連續五天的大賣壓，原因主要是技術性多於基本面。在巴西總統魯拉（Luiz Inacio Lula da Silva）上任初期，已開發國家媒體如德國之聲（Deutsche Welle），因爲他邀請卡斯楚參加就職大典而稱他爲「左派英雄」，但那時候艾爾埃里安就看好巴西市場。美國當時只派遣一小團貿易代表參加典禮，也許他們應該派艾爾埃里安去。

勤於耕耘

葛洛斯預期，以這些積木堆成的投資組合，五年後將可達到平均五％的年報酬率。「以防衛戰爭來說，實際上這已經很好了。」他說。這比過去十年的平均八％顯著下降，但他說：「處在這種環境下的債券市場就是如此。」五％也遠低於許多股票投資人預期的報酬率，例如巴菲特。從歷史觀察，證券的報酬率經過一段高於正常的時期後，通常會緊跟著出現低於平均報酬的時期；財務學教授稱之為回歸平均（reversion to the man）。一九九〇年代的噴出行情，已帶來二十一世紀第一個十年最戲劇化的下跌行情。

不過，嚴肅學習葛洛斯投資法的學生，不會滿足於一個栽滿人造植物的花園。一個債券投資組合是一個有生命、充滿活力的花園，需要不斷除草和重新栽種。儘管土耳其或波蘭債券，或一家債信評級一個B的美國製造商現在可能毫無吸引力，但它們在適當的環境下也可能變得魅力十足。下一章我們將提出具體的建議，告訴你如何栽種、澆水和除草，像專業人士一樣創造一個種滿一年生和多年生植物的債券花園。

第九章
王者之道

現在你已經了解藏在葛洛斯之謎裡的天分了。葛洛斯以其他傳奇投資人無法企及的方法，解讀市場的複雜活動，幾乎是擁有其他人沒有的獨特意識。

如同許多偉大的基金經理人和債券投資人，葛洛斯扮演套利者的角色，能夠在一片混亂的市場看出微小但可以獲利的機會，迅速且相當精確地利用錯誤定價的機會。他的眼光就像李佛摩——只是他擁有彭博資訊系統，而非股票報價機——能察覺趨勢，並判斷債券價格如何跟隨市場情勢而波動。他也像賭徒索普一般，從四后賭場幾週的經驗，學到發牌員的技術，讓他可以隨時「讀出」機率大小。對他來說，機率不是愛司或人頭牌出現的可能性，而是與債券相關的變數，如通貨膨脹風險、還本期間、提前還款風險、信用風險，以及判斷它們如何影響個別債券價格的能力。這種許多華爾街頂尖交易員擁有的「微觀」之眼，讓他成為交易的常勝軍。

葛洛斯的能力並非獨一無二，但算得上相當稀少。許多偉大的投資人如彼得・林區，從判斷微小的定價錯誤和掌握進出時機——也就是市場的無效率——賺進龐大財富。這些投資人通常專精於金融市場較低效率的部分，如小型股、外國股票、債券和衍生性金融商品。葛洛斯的不同之處在於，他也能以老鷹展翅翱翔的宏觀之眼，預測利率、匯率、商品價格和通貨膨脹的大波動。他旗下長期論壇的顧問當然會協助他下判斷，但葛洛斯的領導有方功不可沒：如果他沒有運籌帷幄、指揮號令的卓越能力，這批優秀的顧問如何協助統帥作出最好的決策？

葛洛斯結合微觀交易員的直覺，和索羅斯、巴菲特與摩根等大師的洞識，他有一種雖然不完美但卻神奇的能力，可以藉由看到大經濟的趨勢，判斷未來幾個月或幾年這些趨勢將如何影響決定債券價格的風險。他能在投資過程中摒除情緒因素，像巴魯克般清晰地眺望長期的天際線，即使是市場重挫和泡沫形成也不會遮蔽他的視野。這種能力也非獨一無二：它是優秀基金經理人必備的重要技巧。葛洛斯得天獨厚之處是，他能夠結合細微的直覺與大藍圖的清晰視野。他能隨心所欲地利用資訊，以一種迥異於索羅斯的方式作投資：以極小的風險達到不是讓泰銖崩盤或英鎊暴貶，而是紮紮實實、安穩而可靠的報酬率，雖然看似不起眼，但卻能持續不斷，像工廠般源源不絕地製造財富。這是想掌握葛洛斯債券投資祕訣的人，不可不學的東西。

有一個迅速而簡單的方法，讓你可以利用葛洛斯的聰明才智：只要買葛洛斯管理的基金股票，例如，PIMCO總報酬基金。膽小的人應該立即選這條路走，不必繼續讀下去。

膽大的人要走的路複雜得多。規模這麼大的投資機構可以選擇眾多的工具，因此葛洛斯可以利用許多衍生性商品，如交換合約，這是一般投資人無法享有的優勢。如果想在你個人的投資組合模仿他的投資方法，就必須冒較大的風險才能達到相同的結果——比雷曼兄弟總體債券指數高五〇到一〇〇個基點的年報酬率。

剛開始我們必須先有計畫，而計畫分成兩部分——目標和達成的方法。目標很容易：超越指數（也就是市場）五〇到一〇〇個基點。方法有許多，但歸結爲有關類別配置、還本期間和機會的三個決定。第一個決定必須先分析影響世界經濟的長期因素；第二個取決於你對風險的容忍度；最後一個則根據相對價值，來追求投資組合報酬率的最大化。

步驟一：發展個人的長期分析

第一步是創造個人的長期分析，以辨識必須蒐集的資訊。你不必擁有像百科全書般的知識或認識世界的領導人，也不必經歷PIMCO交易廳裡「拿鎗頂著頭」的壓力，才能評估全球經濟大勢和了解發展中的事件對投資的影響。你不必讀盡《華爾街日報》和所有其他財經刊物，但是必須養成廣泛且定期閱讀的習慣。把蒐集的範圍限制在你必須知道的資訊，但要深入了解。

最重要的是，趕上世界經濟大勢，熟悉媒體和企業對美國、其他已開發國家和新興市場經濟的評論。你必須了解美國利率的動向，並閱讀評論利率趨勢的文章。此外，你也要熟悉其他國家的利率環境、政治和經濟，達到能交易外國債券的程度。

葛洛斯偏愛《經濟學人雜誌》（*The Economist*），這是一份評論世界政治、社會和財經事務的英國週刊，內容深入而豐富，可以追蹤魯拉、席哈克、澳洲的工業產值，以及日本最怪異的新電視節目，和印度當紅的明星。它以歐洲的觀點看美國事務，並且比美國的週刊報導更多世界性的文章。以《巴隆周刊》爲例，雖然大量的經濟和市場資訊讓這份週刊彌足珍貴，但主要仍局限在市場的報導。如果外國投資人只能閱讀這份美國期刊，她可能像阿諾史瓦辛格那樣見識淺薄，甚至於不認識狄克西女子合唱團（Dixie Chicks）（對只閱讀《紐約時報》的人來說，情況可能差不多）。《經濟學人雜誌》以其廣泛、精簡、定期的社會、政治和人口趨勢報導，影響葛洛斯的長期思維。除了文章外，它也刊載經濟統計數字；對國際債券投資人特別有用的內容之一是「購買力平價」（purchasing power parity）的評量，也就是大家熟知的「麥香堡指數」（Big Mac Index）。這項指數調查麥香堡（選它的理由是，不管在哪裡，買到的麥香堡都一樣）在世界各地的價格，並換算成美元，藉以比較各國貨幣的相對價值，雖然它用在預測貨幣的實際波動時效果並不理想。

人口統計趨勢的知識得來不易，因爲各大金融雜誌與報紙只斷斷續續地報導它們。當你跟隨媒體報導時，應該注意哪些產業未來幾年狀況會保持良好，投資它們的公司債可以降低信用風險。由於抵押貸款證券市場規模龐大，你也應注意美國房地產市場的趨勢。如果特定的公司或機構佔你持有債券的比率較高，應該研究並了解它們的動態。和葛洛斯一樣，你也可能發現某家大公司有重大缺陷，然後寫出一篇類似葛洛斯迫使奇異公司調整組織結構的重大報導。

葛洛斯也建議閱讀書籍。他本人就酷愛讀書，並認爲投資人應鑽研現代金融史，以理解其中的人類行爲模式和事件。你可以找到一整套不只是寫給「傻瓜」看的投資書籍。從亞馬遜網站購買《股票作手回憶錄》的人，也會喜歡麥凱（Charles MacKay）寫的《異常流行幻象與群眾瘋狂》（*Extraordinary Popular Delusions and the Madness of Crowd*，財訊出版中譯本）這本記錄從鬱金香球莖到龐氏騙局（Ponzi scheme）的所有金融大詐欺。

你也可以與親朋好友成立一個志趣相投的投資人團體，發揮個人長期論壇的功用。我建議每月集會一次，並要求每個成員每月研究一個特定的世界經濟主題。最好每個人輪流研究這些主題，例如這次會議以房地產爲研究主題，下次研究歐元區經濟體，再下次則是美國經濟趨勢。輪流研究專題可以讓你儘可能閱讀每個重要的知識領域，而在團體中，也可以從別人的知識獲益。

對更深入的市場資訊，葛洛斯推薦兩個來源：橋水聯合公司（Bridgewater Associates）和國際策略與投資集團（International Strategy & Investment Group, ISI）。橋水管理四二〇億美元資本，同時也發行研究報告，包括兩天一次的《橋水每日觀察》。國際策略是一家投資顧問集團，葛洛斯十分推崇該公司的經濟長海曼（Ed Hyman）。

PIMCO本身也發行許多研究和評論，包括葛洛斯自己的《投資展望》專欄、麥克里的《聯準會焦點》、艾爾埃里安的《新興市場觀察》，和托瑪士的《全球市場觀察》。該公司網站（www.pimco.com）也提供討論債券投資的一般性文章，例如，「殖利率曲線入門」和「通貨膨脹入門」。

我也不能不提我寫專欄的MSN Money網站CNBC。CNBC獲得《巴隆週刊》和《富比世》金融網站年度評比的高度推崇，該網站由MSN和國家廣播公司（NBC）金融頻道共同成立；我也每周參加一次NBC早上的《擴音器》（*Squawk Box*）節目。

當然，研究的目的是讓你汲取足夠的資訊，以便在固定收益世界的機會出現時，作出明智的三個月短期決定，並且建立你的三年長期觀點。如果未來幾年的利率如葛洛斯預測般上揚，最後可能導致經濟成長減緩，進而帶來可以開啓新債券多頭市場的降息。七%的公債殖利率可能是轉捩點，不但是買進債券的訊號，而且是最長期的債券。無可避免的經濟衰退將帶來新的開始，創造一個多頭市場，而長期還本期間的公債將成爲最搶手的標的，垃圾債券殖利率將開始攀升，價格開始跌落，進而爲揀便宜貨的投資人創造機會。

情勢總是不斷變化。在證券管理委員會設立之前，聰明的李佛摩毫不客氣地凌駕市場；當現代證券法規執行後，他的全盛時期也告終結。他的名言因此失去立足點，他告訴為他寫回憶錄的人說：「這個遊戲的本質所展現的是，大眾應該知道，少數幾個了解內情的人不會道出實情。」今日，眞相也很難被揭露——葛洛斯在批評奇異的商業本票時就陷於孤軍奮鬥——但是我們有一個龐大的產業致力於發掘它。

步驟二：衡量你的風險容忍度

第二步是衡量你個人的風險容忍度，這是個需要審愼思考的個人決定。要決定個人容忍度，必須考量你的年齡和依賴債券投資組合作為收入來源的程度。大多數投資人在年輕時配置較多的資金在股票、較少在債券；債券部分隨著年齡和需要從投資獲得收益而增加，因為債券被認為較為安全。這是正確的作法，所以即使你有較高的個人風險容忍度——例如，你三十歲，從一家網際網路公司退休，有一筆優渥的離職金放在經紀商的帳戶裡——也不應容許債券投資組合的風險太高。你的選擇應該是介於低風險和更低風險之間。年齡愈輕，就愈不需要動用資金或依靠投資收益，因而較能容許不緊緊跟隨指數。你的投資組合配置可以增加彈性投資，減少核心投資的部分。

投資人通常只在認爲投資較「危險」或「風險高」時，才會注意到風險，例如投資小型股，或決定大幅改變資產配置時；這是錯誤的觀念。風險是你在檢查整合投資組合時應該考量的東西，你眞正該關心的不是個別投資的風險，而是整個投資組合的平均風險。如果你把九九%的錢投資在低風險證券，這和投資一%在高風險證券沒有太大差別，你的平均風險其實很低，而且也不應該憑情緒做出這個決定。你應該問自己：是否有夠高的報酬潛力，足以讓你決定拿投資組合的一%來冒較高的風險？

有兩種方法可用來調整你持有的債券，以反映個人的風險容忍度。第一個方法是根據你的年齡和收益需求，調整投資組合中彈性部分的債券。基本上這部分的比率就是你能接受的風險量，而你能接受的風險愈高，就愈可能達成和葛洛斯一樣的報酬。採用這種方法很容易，三十歲到四十歲間的年輕人應考慮，只保留七〇%的資金給核心投資組合；隨著你接近退休年齡，這個比率應增加到九〇%（**適合依靠債券收益過生活的退休者**）。不過，這種策略有個大問題：你的債券投資組合必須接受較高的風險，才能眞正採用葛洛斯式的策略，因爲在機會出現且經過深思熟慮後，你必須敢於下大注。

第二種更好的方法是，把你的部分老本（**必須完全避免風險的錢**）放在另一個帳戶，這個帳戶不會以總報酬的方式交易。有兩類債券——免稅市政債券和通膨保值公債，其特色就適合保守型的投資。TIP的稅負方式最適於你需要避開所有風險的緩課稅帳戶，而如果你屬於高納稅級距，市政債券也爲你的個人應稅帳戶提供類似的避稅效果。因此，對退休且需要更多穩定收益的人來說，變通辦法是保持交易較頻繁、風險較高的彈性投資組合，佔債券帳戶的比率約三〇%，但以另一個持有TIP和市政債券、而不採用總報酬策略的帳戶來作平衡。這不表示你不能在總報酬基金中投資TIP或市政債券——如果有好的交易機會，你也應該把它們納入彈性投資組合中。

我建議年齡大、有較高收益需求的債券投資人，如果擔心葛洛斯式策略的風險太高，不妨採用第二種方法，開一、兩個避免交易的「保險箱」帳戶。但是在你這麼做時要了解，比起大多數投資形式，根據總報酬策略交易債券的風險是相當低的（**除非你拿高風險的零息債券來作比較**），你不會損失本金。如果你的長期分析出了差錯，你的績效會低於市場指數，但不致有其他損失。如果你絕對無法承受債券投資組合暫時少掉一部分資本或收益，就開這種保險帳戶。如果你必須有一筆可以支應基本生活開銷的資金，就用TIP和市政債券來支應未來的需求。要是財務結構較有彈性，可能就不需要買這種保險，因爲它畢竟還是得付出代價：其平均報酬率比總報酬策略來得低。

一旦你考慮過風險，並決定該放多少資金在保險箱，就可以合理地冒一些風險，然後進入本章的重點：如何利用相對價值和總報酬法，以便在債券投資中得勝。

步驟三：總報酬策略

總報酬法隱含的假設是，市場是動態的，且一直出現定價錯誤的現象。你必須相信，在任何時候你持有的任何債券幾乎都可以賣出，因爲總有別的債券提供更好的相對價值，也就是說，是否賣出一種債券取決於是否能買進一種更好的債券。這是一種很極端的價值心態，相對於時機交易（market timing）。時機交易者認爲整個市場可能跌得一文不值，這時候他們會賣出一切，轉換成現金。總報酬法根據的假設是，除了全球性的崩盤外，積極管理的投資組合可以打敗任何市場的現金創造的低報酬（如果你擔心世界末日到來，應該買獵槍和瓶裝水，而不是證券）。要是你不同意這個假設，葛洛斯的方法就不是你該採用的，或者你不會有信心能成功地執行。

由於目標是打敗指數，建立債券組合的第一步就是從指數的成分債券著手。雷曼兄弟總體債券指數是美國債券市場最常用作標竿的指數，囊括約六、〇〇〇檔個別債券，準確地反映它們在高品質應稅債券市場的權值。該指數的成分債券有四分之三屬於三個A等級，約三五%的權重爲由全國政府抵押貸款協會、美國聯邦住屋貸款抵押公司和美國聯邦貸款抵押公司發行的抵押貸款債券。約三四%的權重屬於美國公債和機構債券，其餘的則是外國政府債券和其他債券。該指數成分債券的平均還本期間約四年。債券必須有相當規模且能活絡交易，才會被納入該指數中。這項指數代表的債券總共佔七兆美元的市場，比十年前增加近一倍。

因此，投資人的核心投資組合應該以抵押貸款債券、公債／機構債券，和公司債爲主要內容。它們每年將貢獻七五%的投資組合總報酬，因此選擇時必須格外審慎。但其餘的投資組合將提供額外的報酬，使總投資組合報酬率得以超越市場標竿，因而管理這些額外或彈性的債券組合，就是總報酬法的精髓。

我們很容易會把「核心」和「彈性」這些用語，對應到「長期性」和「循環性」上，如前面章節所應用——也就是假定核心投資組合應根據長期性變化反應，彈性投資組合則應根據循環性因素作改變——但這是錯誤的作法。長期指的是要花幾年發展的趨勢，循環則指較短期間的變化；投資組合裡的核心和彈性這兩部分，都建立在長期的基礎，並隨著循環性條件而調整。例如，抵押貸款債券永遠是投資組合的中心成分（因為現在的長期分析對抵押貸款債券有利），但在某個時候你可能會減少持有，而在另一時候可能增加（視長期趨勢和事件的演變而定）。

PIMCO在二〇〇三年夏季大量賣出抵押貸款債券，而當我訪問葛洛斯有關他的重要投資概念時，他不願多談抵押貸款債券，因爲長期利率從略高於三%飆漲到四．五%使它們遭到重創。葛洛斯說：「有時候我不想提它們，因爲我比較熱中通膨保值公債、市政債券和新興市場債券。我常忘記自從抵押貸款債券佔據PIMCO投資組合的大部分後，我們也應該也多談它。」增加債券組合價值的重要因素，不只是選擇和交易投資組合中彈性部分的債券，還包括你決定如何調整核心投資組合的抵押貸款債券、公債與公司債的比率。你可能和葛洛斯一樣，認爲抵押貸款債券行情將經歷幾個月的低迷，因此把它們的投資配置從三〇%（如果這是雷曼指數當時的配置比率）降爲二五%，甚至二〇%。你的核心組合仍然持有抵押貸款債券，不過你追隨指數的方式仍然和指數類似，只是不再嚴格地按債券種類作比率配置，而會偶爾押大注。

這種技巧類似積極管理式大型股基金經理人採用的方法，由於打敗指數的壓力持續存在，他們隨時持有的股票都略有不同，都根據對應的指數而作若干調整。如果兩家指數成分公司的股票性質十分類似，同時擁有兩支股票就賺不到Alpha差值（調整風險後之績效與預估績效的差值），所以他們會選擇前景最好的一支。如果這些股票經理人認爲電信業即將面臨危機，或知道特定股票即將出問題，他們不會全部賣出，而且根據相對的指數來減少持股。如果他們前一年斬獲頗豐而可以冒較大的風險，就可能增加某些相對於指數有較高標準差的股票，以賭情勢會讓它們的價格上漲，藉此得到超越市場的績效。

追隨指數永遠牽涉到評估和管理風險。要做到這一點，必須在投資組合中根據既定的類別權值和還本期間，作精確的計算和配置。大幅延長還本期間造成的風險，就是抵押貸款債券下跌的原因。抵押貸款利率急遽攀升勢必扼殺再融資，這意味原本可能幾個月就會（即極短的還本期間）再融資的債券，現在可能維持數年（中長期的還本期間）。因此，我們的風險就像刀子的兩刃，一面刃讓我們的配置可以不同於指數，能承擔證券風險，例如增加持有的新興市場債券——如果我們認爲這是好決定的話。但另一面刃也同樣重要，可以把投資組合分割成短、中和長的到期日，讓我們的投資組合有別於指數所持有債券的還本期間，且更爲有利。

換另一種說法，有些時候公債不是市場上最沒有風險的債券，反而是風險最高的債券；例如現在長期公債是所有債券中利率風險最高的一種。因此，以設計投資組合的觀點來看，長期公債應該是被彈性組合排除在外的債券，只有在利率下跌時才會考慮納入。投資組合的核心應該全部都是中期債券，還本期間的調整僅限於投資組合的邊緣部分。如果你的長期預測認定利率會持續穩定下降三、四年，彈性組合應該增加長到期日的債券，包括可以買到的最長期公債。不過，這不是葛洛斯現在的長期預測，所以讓別人去買三十年期公債，你應該是賣方。在利率上升的時候，它們只會日趨下跌。

你的投資組合積木應該隨著預算改變，如果你有葛洛斯認爲可以壓低佣金成本所需的最低資本五十萬美元，而且自認有買個別債券的能力，那就放手去買。你應該永遠只買最高品質、流動性最佳的債券，如此佣金（內含在債券價格中，而未明白訂出金額）才會最低。隨著跨入較陌生的市場，例如垃圾債券或新興市場債券，你就會像葛洛斯一樣，利用共同基金或封閉基金。如果預算更少，則可以利用基金當作所有的積木。目標是永遠讓資金獲得最好的管理。

假設你同意葛洛斯的方法，想建立一個追蹤雷曼總體債券指數的投資組合，但核心組合要超越該指數，這時候就必須一直持有指數的主要成分債券，即抵押貸款債券、公債和公司債。如果你是基金投資人，簡單的作法就是把某個浮動比率的配置放在一檔指數型基金上，例如先鋒總債券市場指數基金。這檔基金相當忠實地跟隨該指數，迄二〇〇三年八月三十一日的五年績效每年落後三九個基點，其中包含一〇%的費用率，和交易佣金等其他成本。指數本身沒有這種支出，這是指數型基金無法超越它們的原因。如果你能買個別債券，核心組合就能完全複製指數，雖然也會有成本，但不會有支付給經理人的費用。因此，如果投資組合夠大，你可以自行在核心組合部分複製指數，省下十個基點的費用率，這也表示比達成目標更接近一〇%到二〇%了。當然，這也意味你必須負責挑選債券，但這已超過本書討論範圍，因爲葛洛斯是「大藍圖」型的投資人。此外，雷曼指數有六千檔個別債券，但你只能持有少數幾檔。你花在複製指數的時間也是額外的成本，價值可能超過那十個基點。但假設你準備這麼做，也必須藉定期的交易才能複製指數的波動。

在核心組合部分，你可以安心地忽略構成指數的少數成分債券，只專注在抵押貸款債券、公債和公司債。核心組合將佔總投資組合的七五%，且保持相當程度不變動。指數的權重會隨著時間而改變；三十年前抵押貸款債權擔保移轉證券幾乎不存在，部分現在不知名的債券也可能二十年後變得很重要。核心組合必須追隨這些趨勢，但屬於長期性質；調整權值的次數不會超過一年一次，通常還更少。目前的配置原則大約如下：

■三七%在抵押貸款債權擔保移轉債券，其中包含美國聯邦貸款金融公司、美國聯邦住屋貸款抵押公司和全國政府抵押貸款協會發行的債券，比例爲三比二比一。

■三五%的公債和機構債券，比例爲二比一。

■二八%的公司債，其中至少四分之三債信爲三個A。公司債必須廣泛分散到各產業，例如汽車業和製藥業。

核心組合的還本期間爲四年，與指數本身一致。彈性組合也要管理還本期間，但還本期間主要的管理是受到指數波動的影響。在二〇〇三年夏季，抵押貸款債權擔保移轉債券的還本期間因利率上揚而增爲三倍。由於它們是核心組合最主要的部分，會自動延長其還本期間，因此必須在彈性組合採取積極措施，以降低這個重大的新風險。

因此，佔固定收益資產二五％的彈性投資組合，會經常包含也適合核心組合的債券，包括抵押貸款債券。也就是說，你會經常持有許多抵押貸款債券，而抵押貸款債券的長期展望很吸引人，不管利率是高或低，它們提供的利差比公債更大。在利率穩定的環境下，彈性組合的一大部分會投資在抵押貸款債券，但當利率上揚時，你的彈性組合可以完全不持有它。它們可以在組合中或增或減，主要用以調整還本期間風險，在利率下跌時多持有些，利率上揚時少持有些。你應該根據對未來的長期展望，利用彈性組合這部分的增減來調整（**相對於指數的**）整體配置。

建立追隨債券指數的核心與彈性投資組合，比建立追隨股票指數的組合容易。在股票投資組合方面，你必須操心更多個別股票。反之由於主要債券類別的信用風險很低，就實務來說你幾乎不必擔心個別債券。只要針對類別分析，這是因爲債券投資人擁有信用上的優勢：萬一發生破產，你拿回錢的機會還是很大。你只要擔心某家公司是否佔投資組合的一大部分，如同葛洛斯，必須判斷奇異的商業本票是否危險或安全。

如果管理的是股票，情況將大不相同。你必須操心長期分析——例如循環性消費產品表現會不會超越耐久財消費產品——以及個別股票分析。追隨指數的股票經理人可以從替換偏離指數的股票，賺取可觀的報酬。他們可能根據對個股的分析，賣掉埃克森美孚，換一家不同的能源公司；或拋棄默克，改買輝瑞。他們必須每天都檢討，優比速（UPS）或聯邦快遞（FedEx）是較適合持有的貨運公司。在債券世界，這種分析將只花很少的時間，你只要考慮是否有嚴重的理由，讓你必須擔心核心和彈性投資組合裡有公司債會出現信用風險。如果你以基金的形式持有這部分的核心與彈性投資組合，這種擔心更是多餘。

彈性投資組合可以包含所有風險性較高的固定收益類別，例如高收益外國政府債券、新興市場債券和國內高收益（垃圾）債券。這是你伺機而動的部分，藉以追求最大可能的收益、資本利得，或兩者兼得。不管你的投資組合是大是小，幾乎一定會選擇以基金形式持有這類資產，不管是共同基金或封閉基金。再強調一次，指數型基金是選擇之一，但既然你不是這類資產的長期投資人，而是只在條件有利時才選擇它們，所以積極管理型基金可能較爲理想。部分積極管理型基金績效經常超越它們的指數，因爲你不是長期持股者，不妨利用他們的「王牌」基金，而不必擔心它們幾年內績效會變差。幾年後你不一定繼續持股，即使你的長期展望要你留在市場，也不一定要緊跟著同一個經理人。假設這部分的彈性投資組合是投資在基金，你必須擔心的不是信用風險或匯率風險，而是要慎選經理人。

彈性投資組合裡的債券類別和債券，必須經常調整，至少每季一次，在狀況需要時還得更頻繁，例如利率變動、重大地緣政治因素或政策改變時。和葛洛斯一樣，有時候你必須準備在彈性投資組合裡下大賭注。因此以下列出的投資組合範例不得不籠統些，而且為了效果而必須略作調整。不過，它們確實能凸顯葛洛斯所主張的提高總報酬的主題。每一個範例的設計都以在各自的環境下，超越雷曼總體指數五〇到一〇〇個基點為目標。所有短期的投資組合調整都只針對彈性組合的部分。

不過，部分適合伺機而動的投資對可能不利於基金投資人。例如已開發國家的主權債券可能對美國投資人很有吸引力，因為這些國家的利率比美國高，也因為美元匯率逐漸走貶。反過來也可能成立，但原因是地緣政治因素而非平常的條件。葛洛斯建議現在買進這類債券的理由已在第八章談過，但這些債券並未納入投資組合範例裡，因為它們的條件分類不易。如果要充分發揮投資組合的優勢，你必須願意在變化而且難以預測的情況下賭博——葛洛斯不反對這個詞，雖然摩根厭惡它。對機會保持開放是總報酬投資的特質。減少彈性組合中的其他投資，爲不可預測挪出較大的空間。

通膨保值公債（TIP）不容易歸入債券的分類，第一是因爲它是相當新型的債券，第二則是因爲它的特質可讓你以兩種方式利用它。由於TIP有高利差（目前是如此），因此很適合佔據彈性組合的一大部分。但是因爲TIP的結構屬於「實質報酬債券」，它們也適合我前面討論過的第二核心投資組合，即專爲提供及時雨所需用錢的組合。你可以藉變化持有TIP的還本期間，因應殖利率曲線的波動；你可以交易它們，避開公債持有人在上升曲線（例如本書於二〇〇三年十月付梓時的情況）時面臨的損失。它們提供一個「保險箱」，供你儲備絕對不可少的錢，用以支應未來的必要支出，如清償抵押貸款或其他債務。必要的話，它們也提供你降低個人風險的方法。年齡接近退休的讀者應該考慮，在葛洛斯式的投資組合外持有一些TIP，作爲必要支出的最終保險箱。未來有固定償債支出的年輕讀者，也可利用TIP作爲投資大學學費或其他支出的工具。

TIP有一種專家目前還爭論不休的潛在風險——這種債券在美國還很新穎，許多問題還未獲得解答。這種債券牽涉消費者物價指數（CPI），用來計算到期時額外支付的收益。經濟學家的激烈爭論與CPI有關：許多人認爲CPI低估了通貨膨脹。美國聯邦政府因爲有龐大的赤字，因此刻意壓低每月CPI的誘因。較低的CPI當然對選民較好交代，而且低CPI可降低未來支付通膨保值公債的收益（以及降低與CPI連動的保證工資和合約價格）。如果決策者設法操縱CPI的計算方式（CPI根據一籃商品的價格計算，但選擇商品的方式有點武斷），TIP的額外收益就可能減少；如果美國政府做得太過火，就可能低估通貨膨脹，TIP將得不到實質的報酬。除了流動性風險外，這種風險是TIP利差較高的原因。雖然目前的利差讓TIP較有吸引力，購買TIP意味相信政府不會操縱CPI。如果你願意賭通貨膨脹會超過預期，CPI就適合在任何經濟環境下投資。如果你願意下賭注，就大膽買進——否則，因爲TIP不受殖利率曲線影響，應考慮當作保本資產，但不建議納入標準的彈性投資組合中（而且也不應納入核心組合，因爲它們非雷曼指數的成分債券）。

不管你是否把年齡和收入需要納入核心與彈性組合的平衡中，或設立另一個一○○%投資TIP的基金，你都應考量當前的經濟情勢，以調整核心與彈性投資組合持有的債券。

當環境穩定時

債券受利率改變的影響超過利率絕對水準的影響；因此，在穩定的情勢下，債券價格不會大幅波動。在這個不常見的平靜時期，殖利率曲線會「正常地」往上慢慢爬升，未來的通貨膨脹和利率應該會保持穩定，但長期投資人的報酬率會略高於短期投資人（因爲借錢給企業較長的時間風險本來就較高）。

穩定的政治和經濟環境，會帶給接受溫和信用風險與還本期間風險的投資人報酬。在強勁的經濟中，公司債可獲得有力的支撐，而彈性投資組合應包含高於指數的公司債配置。外國市場的風險也較低，而新興市場債提供的利差很吸引人——因此彈性投資組合應包含比平常多的新興市場債券。已開發國家債券的持有也應該增加，尤其是大型企業的債券。不過，要注意當美國的環境穩定時，海外的情況卻可能不穩定；調整外國政府債券和新興市場債券時應考慮這一點。

穩定的殖利率曲線往往預示經濟成長的到來，在一九八四年雷根盛世開始之初，殖利率曲線就得穩定；隨後的數年直到波灣戰爭，美國經濟一飛沖天。這時候是買進垃圾債券的大好機會。穩定的殖利率曲線實際上被視爲高收益債券的「買進」訊號，良好的經濟條件激勵債權人不去擔心風險；很少發生違約和破產的情況。

核心組合與伺機而動的投資選項在穩定時期都有吸引力，這是適合保持平衡而只下少數大賭注（**例如高收益債券和新興市場債券**）的時候。

投資組合的彈性部分可作類似下面的安排（**參考圖9.1**）：

- 一五％在長期公債。
- 一五％在抵押貸款債券。
- 一五％在長期高品質公司債。
- 一五％在垃圾債券。
- 一五％在第一世界外國主權債券。
- 一五％在新興市場債券。
- 一○％在通膨保值公債。

圖9.1　當經濟情勢穩定時

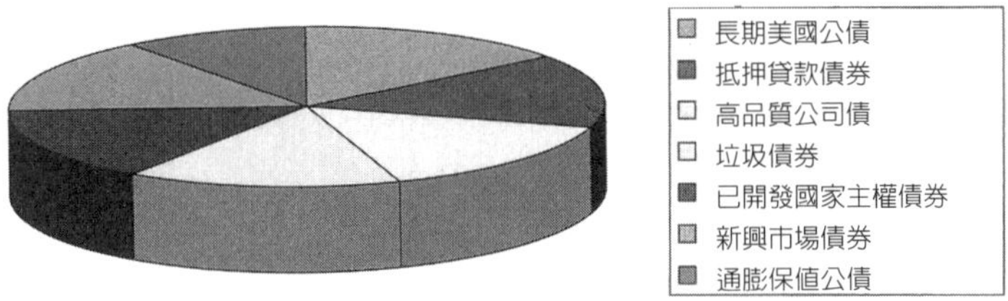

當利率上升時

這是本書準備付印時的情況，殖利率曲線上升的角度已比以往大，顯示投資人認爲經濟會好轉，成長會增強，而通貨膨脹也將隨之上升。通貨膨脹風險逐漸提高，特別會減損抵押貸款債券的吸引力，原因是它們中期的還本期間。這時候彈性投資組合應完全去除抵押貸款債券，但核心組合不必如此。長期美國公債受到詛咒；它們在利率上升的環境受到的傷害最大。

利率上升也暗示企業借貸成本升高，尤其是垃圾債券發行公司；資本利得的機會已經消失，利息的風險也已增加。這還不是會讓高收益債券致命的環境，但危險度卻較高。老練的投資人視殖利率曲線上升爲大幅減持高收益債券的訊號，他們會在無可避免的暴跌走勢前退場。

同樣的，利率會在經濟轉強時上升，這對十分依賴美國投資人的新興市場是利多。新興市場債券價格在這種環境通常會大幅上漲（殖利率也會居高不下）；只要你能在衰退逼近前賣出，就應該增加或維持它們在彈性投資組合的比率。

在目前的環境下，上升的殖利率曲線正好碰上對投資級外國債券有利的時機——但原因是美元走貶。雖然美國利率預料會上升（通常利率上升會讓匯價升值），外國投資人卻在拋售美元，使美元匯率下跌，並推升在海外投資的價值。在建立彈性投資組合時，外國投資的配置必須取決於美元匯率走勢的預測。在正常情況下，殖利率曲線上升代表持有外國投資的壞時機，因爲通常它伴隨著美元升值。因此，在這個模式中不應投資第一世界的外國債券，這是通用的指導原則，目前美元不升反貶的情況並不常見。

目前的環境是殖利率曲線上升，但上升角度不會太陡峭（不像在通貨膨脹恐慌時那樣）。這個環境十分適合中到期日的債券。在市況大好或狂熱的情況下——一九九〇年代的榮景是例外，當時股市暴漲，每個人都大發帳面財，但通貨膨脹卻很低——殖利率曲線會陡峭走高，大家都想買短期債券。當環境恢復正常，它們將是增值最多的債券（參考圖9.2）。

圖9.2　當利率上升時

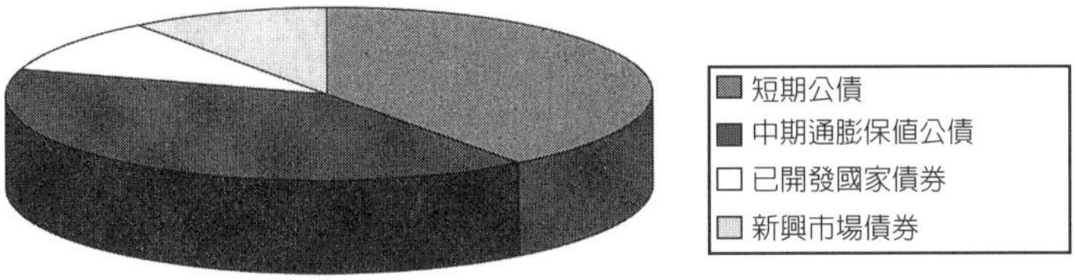

利率上揚時，最適合持有的美國公債是TIP。利率上升是通貨膨脹加速的徵兆，至少是害怕通貨膨脹會升高，而TIP可保護投資人免於通貨膨脹的侵蝕。

- 四○%的短期公債（一至三年期）。
- 四○%的中期TIP（三至七年期）。
- ○%的抵押貸款債券。
- 一○%的第一世界外國主權債券。
- 一○%的新興市場債券。

當利率下降時

這是固定收益投資人最快樂的時候；從一九八○年代初期到二○○○年代的二十年多頭債券市場，是葛洛斯所謂債券投資人的「沙拉時代」，長期美國公債的還本期間風險大為降低，它們在投資組合中的角色變得十分重要。抵押貸款債券的還本期間風險也跟著下降。然而信用風險卻增加，因為低利率通常代表經濟趨軟，甚至衰退。公司債將因而受害，而垃圾債券變成毒藥，因為違約將增加。在穩定的經濟中，垃圾債券的違約率可能低至二%；但這個比率在二十一世紀初期激增到超過一〇%。同樣地，新興國家將面對市場下跌的狀況，因此彈性投資組合將樂於犧牲信用所提供的利差，轉進高品質債券所提供的高利得。

當然，判斷利率將大幅下跌十分困難，但公債殖利率曲線能提供線索。事實上，那是市場對未來的共識，投資人透過這種機制顯露他們對各期債券利率的集體預測。在可能出現衰退的時候，殖利率曲線藉走平或形成丘狀而發出訊號。遺憾的是，這不是無缺點的訊號：有時候曲線轉變成正常或上升，但其間並未發生衰退。

一九八九年四月就是一個有趣的例子，當時殖利率曲線即形成丘狀（殖利率最高的是中期債券，而非最短期或最長期），結果極準確地預測了一九九〇年代初期的衰退。丘狀殖利率曲線確實是重要的警告訊號：預告高收益和新興市場債券獲利將衰退，投資人將轉向高品質。這也許是買長期高品質債券、賣垃圾債券和新興市場債券的好時機。如果你賭市況會轉差，就能趨吉避凶——但若結果只是虛驚一場，你可能損失原本可以賺到的豐厚利潤。

當經濟直接陷入衰退時，殖利率曲線可能形成反傾斜。投資人預期未來利率會下跌，較長期債券殖利率會隨之滑落。等這個模式出現時往往已經來不及賣出高收益和較高風險的債券，資金已經流向高品質。

對想爲債券投資組合增加更大風險的投資人來說，利率下跌時期是買零息債券的好時機。長還本期間的零息債券是風險最高的債券投資：買它們很像賭輪盤。如果你非常篤定利率會下跌，它們可以增加可觀的獲利。不過，如果利率不跌反漲，你會輸得精光。較短還本期間的零息債券增加的風險較小，對大多數投資人來說較適宜，但重點是，只有在利率下跌時它們才是好投資，而且必須在利率再度上漲前賣出。

在殖利率曲線反傾斜（或真正經濟衰退）時，你的彈性投資組合應包括最高品質的債券。如果你的長期分析認爲其他主要國家也會降息，那就是持有高品質外國主權債券的時機。由於美國降息通常意味著美元會下跌，這時候往往是持有外國主權債券的大好時機。如果你是樂觀主義者，或至少像巴魯克那樣在眾人談論崩盤時能鎮定如常，那就不妨買進長還本期間的債券。等市場回春而殖利率曲線從反傾斜恢復正常時，最長期的美國公債回升幅度將最大。

我推薦下列的原則（參考圖9.3）：

- 三五％的長期美國公債（十年期以上）。
- 三〇％的抵押貸款債券。
- 二〇％的長期TIP。
- 一〇％的中期公司債。
- 五％的第一世界主權債券。

我未把可轉換公司債納入這些投資組合範例中，原因是它們的性質與一般債券大不相同。可轉換債的股票性質對股票市場的波動與定價很敏感，這是其他債券類別沒有的風險──除了股市發燒到讓債券持有人擔心信用風險的程度。總報酬投資人應避開可轉換債，除非他們打算也成爲股市專家；如果你能判斷可轉換債的價值（例如，評估未來以設定的價格買股票的選擇權的價值），那就儘管進入這個市場。如果你不是股票專家，還是遠離爲妙。

圖9.3　當利率下跌時

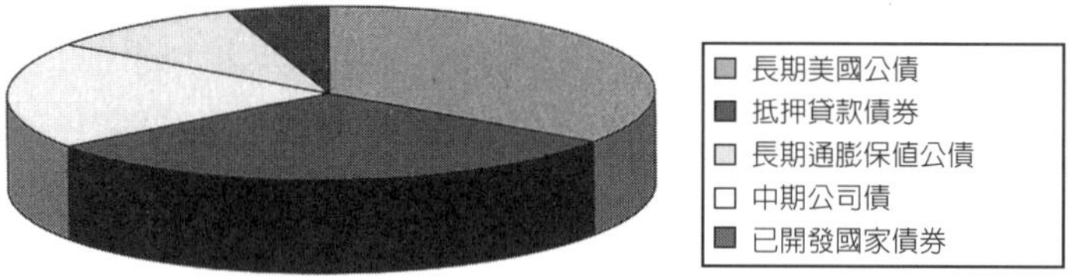

雖然這些範例是彈性投資組合的內容，但它們是根據長期分析決定的。沒有人能確切預見這三種典型時期會發生的情況，葛洛斯式的投資要求投資人，必須願意和有能力因應獨特的情勢，而獨特的情勢有時候完全無法逆料。一九九八年俄羅斯違約對開發中國家債券是慘淡的一年，但它與當時正在下跌的美國利率，或對利率走勢的預測完全無關。不過，這些範例可以籠統地反映，不同的債券資產在所描述的環境下會發生什麼狀況。垃圾債券價格在一九九三年攀至十年來的最高點，當時利率處於穩定狀態，然而二〇〇一年的衰退之前、之中和之後，垃圾債券的表現卻相形失色許多。它們（到二〇〇三年）剛經過一段十分風光的時間，殖利率曲線也上升得更陡峭，所以現在是退場的好時機。

眞正的葛洛斯式投資人應考慮英國、德國和其他較大市場的殖利率曲線，以及這些國家獨特的政治因素，然後才決定是否買賣它們的主權債券。通常美國利率上升的預期代表美元會升值，反之利率下跌代表美元會貶值，這個大原則在過去十年完全與現實背離。不過，美元匯率受到許多政治因素影響，因此有時候這個原則不見得適用。包括中國在內的許多亞洲國家在外匯市場大買、大賣美元，以壓低它們的貨幣，保持出口的競爭力。這是過去十年美元匯率居高不下的原因，許多亞洲國家在美國利率下跌時持續買進美元、賣出他們的貨幣，以保持低匯率水準，人民幣和日圓就是顯著的例子。近來由於美國能否保住超級經濟強權的地位備受質疑，加上歐元漸受歡迎，使美元開始下跌，雖然市場（**從殖利率曲線觀察**）預期利率未來幾年會上升。歐洲穩定協定迫使主要歐洲市場保持較高的利率，因此這些市場的殖利率曲線上升較美國平緩。雖然投資人必須注意所有這些因素，但大原則是在美元出現下跌趨勢（**通常殖利率曲線正在下跌**）時，應該買進高品質的外國主權債券，反之在美元上漲（**通常利率正在上升或預期會上升**）時賣出。

葛洛斯投資法意味冒風險和偶爾下大賭注。但這必須根據審慎的市場分析，且盡可能排除情緒干擾。你必須像史巴克（Spock，**影集星際爭霸戰裡的角色**）般冷靜，考慮利率、房地產、匯率和國際經濟等因素的展望。當看到機會時，在彈性投資人組合增加五％的賭注——而且在帳戶增值時，考慮再提高賭注。

你也可以藉槓桿操作以提高風險和潛在的報酬，也就是買槓桿操作的封閉式基金。當然，你選擇的基金應該反映你對經濟和殖利率曲線的分析，要有與它一致的債券組合與還本期間。

有兩種你可以考慮的還本期間管理法，即「子彈」和「啞鈴」法。它們用在中期債券提供最佳潛在報酬的時候，通常殖利率曲線呈現穩定狀態或溫和上升時。葛洛斯目前認爲美國經濟未來會面臨強大的挑戰，類似一九九〇年代的快速成長可能會有一段時間不再出現；因此他相信儘管利率會再上升一陣子，但未來五年的增幅不會很大。所以他預期殖利率曲線將保持正常或緩和上升，也因此他專注在中期債券上。

有兩種方法可以確保投資組合的平均還本期間適合於中期債券：買中期債券，或買同等配置的短期債券和長期債券，讓兩者平均變成中期。第一種方法即子彈法，用於當殖利率曲線未形成丘狀危險時。不過，如果葛洛斯預期會出現丘狀曲線，也就是衰退的前兆時，他會利用相反的啞鈴法。當曲線形成丘狀，利率會處於最高點，而中期債券的價格處於最低，這時候最好把資金投入短期和長期債券。和葛洛斯一樣，如果你預測會出現一段緩慢成長或零成長時，要堅守以子彈法購買中期美國公債和公司債（**核心和彈性投資組合都適合**）。要是你的分析預測會有衰退，或至少有嚴重的衰退恐慌，不妨採用相反的啞鈴法。技巧的選擇提供了另一種「打敗」指數的方法，甚至可用於核心投資組合而不會增加風險，因爲兩種方法的平均還本期間相同。

基金投資人也可以省下設不同帳戶的麻煩，因爲PIMCO的共同基金涵蓋所有這些類別的債券，封閉基金也包含大部分（參考表9.1）。

如果你想利用PIMCO基金建立這些投資組合範例，記住這些基金是用於你投資組合的彈性部分，而非長期持有。至於核心部分，共同基金的選擇若非葛洛斯管理的分散式全體債券基金PIMCO總報酬基金，就是追隨指數的先鋒基金。由於PIMCO與兩家投資公司有長期淵源，葛洛斯也管理兩檔免佣基金（no-load funds），佛雷蒙特債券基金（Fremont Bond Fund）和哈伯債券基金（Harbor Bond Fund）。

長期美國公債：PIMCO長期美國政府基金的還本期間爲一〇・八年，可用以延長投資組合的還本期間。

短還本期間：PIMCO短期基金的還本期間爲〇・九年，因此可歸爲「幾近現金」類別。對照之下，PIMCO的短還本期間基金的還本期間爲二・四年，是眞正的債券基金。短期基金因此可用以大幅降低整體投資組合的還本期間，短還本期間基金則用以適度縮短還本期間。

抵押貸款債券：封閉式的ＰＩＭＣＯ商業抵押貸款信託基金，和其他抵押貸款債券基金不同，它投資企業抵押貸款債券，而非住宅抵押貸款債券。因此該基金受企業景氣循環影響，大於住宅營建業和再融資業的影響；它是不動產抵押貸款債券基金，而非傳統抵押貸款基金。這檔基金不同於我們彈性組合裡的抵押貸款債券，但有一個特色可加以利用：封閉式基金通常較像商業交易工具而非共同基金，後者會有銷售與贖回費用。由於彈性投資組合是用來交易的投資組合，因此這檔基金可能是最好的選擇。不過，如果你能以划算的價格買ＰＩＭＣＯ全國政府抵押貸款協會基金，和ＰＩＭＣＯ總報酬抵押貸款債券基金，例如退休帳戶或包管帳戶（wrap account）的機構股（institutional shares），可能更理想。

這兩種基金彼此不同，全國政府抵押貸款協會基金有美國政府十足的擔保，而其他抵押貸款債券則沒有。根據公開說明書，ＰＩＭＣＯ全國政府抵押貸款協會基金持有至少八〇%的全國政府抵押貸款協會債券。ＰＩＭＣＯ總報酬抵押貸款債券基金的主要資產是高收益美國聯邦住屋貸款抵押公司與美國聯邦貸款金融公司。因此全國政府抵押貸款協會基金是兩檔基金中較保守者。

表9.1　PIMCO共同基金的選擇

投資類別	基金（代號）	共同基金 (M) 或 封閉基金 (C)
可轉換公司債	PIMCO 可轉換機構基金（PFCIX）	M
高收益公司債	PIMCO 高收益機構基金（PHIYX）	M
	PIMCO 高收益基金（PHK）	C
	PIMCO 公司債機會基金（PTY）	C
高品質中期公司債	PIMCO 投資級公司債機構基金（PIGIX）	M
	PIMCO 公司債收益基金（PCN）	C
新興市場	PIMCO 新興市場債券機構基金（PEBIX）	M
浮動利率	PIMCO 浮動利率收益基金（PFL）	C
外國債券	PIMCO 外國債券機構基金（PFORX）	M
一般債務債券	PIMCO 總報酬機構基金（PTTRX）	M
短還本期間	PIMCO 短期機構基金（PTSHX）	M
抵押貸款債券	PIMCO 短還本期間機構基金（PTLDX）	M
	PIMCO GNMA 機構基金（PDMIX）	M
	PIMCO 總報酬抵押貸款債機構基金（PTRIX）	M
	PIMCO 商業抵押貸款信託（PCM）	C
美國政府債券長期	PIMCO 長期美國政府債券機構基金（PGOVX）	M
通膨保值公債	PIMCO 實質報酬機構基金（PRRIX）	M
世界債券	PIMCO 全球債券機構基金（PIGLX）	M
	PIMCO 策略全球政府債券基金（RCS）	C

高品質公司債：PIMCO公司債收益基金

垃圾債券：PIMCO高收益基金

新興市場債券：PIMCO新興市場債券基金

上述投資組合的設計並未考慮稅負因素：中等和低納稅級距的投資人，以及合乎條件的退休計畫如個人退休帳戶和401(k)，能比投資其他免稅債券獲得更高的總報酬。但是最高稅負級距的投資人，也可以藉把投資組合的高品質部分，集中在市政債券和債券基金上，經常獲得最好的績效。當然，在目前的環境下，市政債券的報酬率與美國公債相當，因此即使是低納稅級距者投資免稅債券也很有利。這種不尋常的情況預料不會一直持續，然而如果你的分析認爲它能持續（要是各州政府繼續面臨嚴重的預算窘迫和較高的信用風險時），這時候即使免稅的優點對你而言無關緊要，也應該買進。正如過去幾年葛洛斯的作法，它們將變成純粹的利差操作工具，即交易的機會。對非最高納稅級距而抱這種觀點的投資人來說，應經常注意封閉式市政債券基金，並在有利時買進、不利時賣出。這類高品質債券可取代彈性投資組合裡的公司債，和抵押貸款債券等美國高品質債券。

高納稅級距的投資人面對一種兩難的選擇。因爲對他們來說，市政債券既是核心，也是彈性組合。在某些狀況下，整個核心投資組合可完全投資在市政債券，如果機會更好，部分彈性組合也可投入。對需要在緩課稅帳戶之外預留應急資金的應稅投資人，市政債券也可用於建立第二個保本投資組合。如果你處在這種情況，不妨請教稅務顧問如何將它納入你的總投資組合規劃。

我應該強調，以上所述都是我自己長期從事金融新聞工作形成的觀點，並非PIMCO的官方建議。PIMCO並未參與理財顧問事業，雖然它的銷售分公司PIMCO基金公司與經紀商和財務顧問業緊密合作，但寫作這些建議並未諮詢PIMCO基金公司的看法。

積極的總報酬投資人從超越華爾街獲得滿足、甚至快樂，他們憑藉的是技巧、努力和密切注意事件發展，加上不斷追求更高的目標與精進達成目標的技術。我希望本書帶給讀者建立固定收益投資組合的工具，並以合理的風險創造卓越的報酬率。市場庸俗的把債券貶抑爲陰鬱、無趣的投資避風港，事實上它卻涵蓋比股票市場更大的世界，而其中沒有任何投資人展現比葛洛斯更高超的技巧和見識。投資債券的報酬極爲可觀，現在你已經知道他的一些祕訣，可以開始應用在你的投資組合，看著它成長。

投資理財 90

債券天王葛洛斯

作　　者　Timothy Middleton
譯　　者　吳國卿
發 行 人　邱永漢
總 編 輯　楊　森
主　　編　陳重亨　金薇華
編　　輯　陳盈華
特約編輯　林怡君

出 版 者　財訊出版社股份有限公司
http://book.wealth.com.tw/
台北市中山區10444南京東路一段52號7樓
訂購服務專線：886-2-2511-1107　訂購傳真：886-2-2536-5836
郵撥：11539610　財訊出版社

製版印刷　沈氏藝術印刷股份有限公司
總 經 銷　聯豐書報社
台北市大同區10350重慶北路一段83巷43號
電話：886-2-2556-9711

登 記 證　行政院新聞局版台業字第3822號
初版一刷　2007年8月10日
定　　價　350元

I S B N　978-986-7084-14-9

國家圖書館出版品預行編目資料

債券天王葛洛斯／Timothy Middleton著；吳國卿譯. -- 初版. -- 台北市：財訊，2007〔民96〕
面；　公分. --（投資理財系列；90）
ISBN 978-986-7084-14-9（平裝）

1. 投資

563.53　　94025054